グリーンエネルギーと
エコロジーで

人と町を
元気にする方法

菅原明子
Akiko Sugahara

SEIKO
SHOBO

はじめに

3・11の大災害の影響を受けた東北地方、また、それ以外の地方都市にとっても、明るい未来はあるのでしょうか。地方の財政が疲弊《ひへい》し、人口が減少していく中で、どうすれば、積極的に夢がある小さな都市づくりができるのでしょうか。

人口減少は、やがてその町や村そのものがなくなってしまうという危険性と直結しています。人口減少、財政赤字、そして公共サービスの極端な低下はただ不便なだけではなく、病院が遠いということが原因で生命に関わる問題にも発展し、そのために町や村を去ることにつながるからです。

人口減少は色々な商売を営む人々にとっては収入減を意味し、商売が赤字に転落してしまう。今そんな現実が被災地で頻発している問題でもあり、元気に復活する町や村のイメージからはほど遠い状態にあるといってもよいのではないでしょうか。

今こそ地方の小さな自治体町や村のレベルにおいては、政府からの補助金や財政支援に頼り切った従来のやり方を当たり前とせず、自らの小さな自治体がどのように生き残っていくのかということも具体的に真剣に考えなければならない時期に来ています。

その解決の一つの方法として、地場《じば》でグリーンエネルギーを生み出し、産業を活性化させるテクノロジーを導入する方法があげられます。エネルギーコストが従来のエネルギーコストと同等であっても、それだけで新たな産業を生み出し、新たな雇用を作り出していくことになります。それはエネルギーを買うお金が遠くのまったく関係のないところに支払われているのではなく、小さな行政、コミュニティーの中に支払われているのですから、それはすぐに循環して、その地域をめぐり、多くの関係者にメリットが生じるのです。

エネルギー政策を外に任せるだけでなく、小さな自治体の中で、自分たちの近くにある山林の木を利用すれば、バイオチップでエネルギーを生み出すことができ、その温水を地域に配れば、暖房と生活に必要な温水供給ができます。バイオマスは畑のトウモロコシのクズや雑草を発酵させてエネルギーにするので、やはり小さな社会の中でこそ価値があるのです。

以前、グリーンエネルギーを次の産業にしようと、大企業が地方に施設を作って稼働したことがありましたが、大規模化のために材料を遠くから運ばないと足りない……しかし遠くから車で運ぶのではガソリン代で赤字になるという結果から撤退してしまいました。だからこそ、村や町や小さな行政でこそグリーンエネルギーは成り立つ、そういっても過言ではないでしょう。

私は3・11東日本大震災後の日本の立て直しという視点から、ヨーロッパで最も小さなオーストトリアにエコロジーの取材に行ってきました。なぜこのように小さな国を取材したのかといえば、オーストリアは財政難であり、そのまま放っておけばオーストリアという国そのものがエネルギー財政の破綻によってつぶれてしまうかもしれないほどの危機感を、彼ら自身が持っているところに、ある意味大きな未来が開けていると感じたからです。

石油の価格は国際経済や戦争、投機に左右されます。石油価格が上がればそのために国家財政の数十パーセントを石油輸入代金として海外に支払わねばならず、それは結果として弱者である子供や老人の社会保障カット、教育費カットに直結します。そのような危機感を持っているからこそ、オーストリアという国は一九九〇年ユーロに組み込まれたときから、その補助金を積極的に前向きにエコロジーに投資したのです。

補助金に頼るという姿勢ではなく、地方都市の中でそれを最大限に活かし、そして自分たちの努力によって初期投資を徐々に拡大させながら補助金なしでも黒字が出るという素晴らしい体質を作りました。「なぜ、それほどに成功したか」という点がこの本のテーマです。その答えはというと、いつまでも補助金に頼らず、コスト意識を完璧に持ち続けてきたことに尽きるでしょう。彼らはコストに関して完全に頭の中にその数字をつかんでいて、こちらが質問したコストに関する答えが非常に明快に返ってきました。

そしてその明快さと同時に、バイオマスにしてもバイオメタンにしてもその費用があまりにも日本と比べて安いことに驚かされました。

従来エコロジー問題でいつもいわれるのは、「グリーンエネルギーは素晴らしいけどそのコストは高い。だから補助金が十分な状態でサポートされないと実現不可能である」ということが、何回も日本ではメディアを通して伝えられてきました。しかしオーストリアの取材を通して分かったことは、その費用が決して高くないということです。つまり日本で開発する費用に比べればゼロが一つか二つ、少ないのです。開発コストも少なく、補助金が終わったあとも黒字を出しているし、しかも雇用も増え、もちろん空気もきれいになっている、この現実をできるだけ大勢の行政の方々に、また地方に住む方々にぜひとも知らせたかったのがこの本を書いた目的です。

行政と住民と、そこでビジネスを営むすべての人々が他人事ではなく、〝自分事〟と認識して、行動に移すことしか、地方の再生はありえず、バイオマス、地熱、バイオメタンなどは、そのテコになり得ると思います。残り時間はこの一〇年、もしくは二〇年でしょうか？

菅原《すがはら》明子《あきこ》

第3章　バイオマスエネルギーの最先端を行くブルゲンランド州

第4章　日本のグリーンエネルギー、エコロジーの現在

［装幀］フロッグキングスタジオ ［カバーイラスト］アンヤラット渡辺

第1章
知られざるエコロジー都市ウィーン

「世界でもっとも暮らしやすい都市」の理由

観光都市ウィーンを支えるエコロジー

オーストリアの首都ウィーンは、決してその美しい景観や文化だけが魅力なのではありません。

確かにウィーンは、モーツァルトやベートーヴェンなど数多くの音楽家を輩出した「音楽の都」として名高く、年間を通じてさまざまなコンサートが開催され、オペラからポップスまであらゆるジャンルの音楽を楽しむことができます。またウィーンは、オーストリアが誇る偉大な画家クリムトの出身地であり、現在、一〇〇以上もの美術館や博物館があり、ホーフブルク宮殿などハプスブルク家ゆかりの名所も多数存在する、歴史と文化の薫る美しい都市、というイメージを多くの方が持っておられることでしょう。

ウィーン中心部にあるハプスブルク家のホーフブルク宮殿。一時、確かにそれは、ウィーンが誇る優れた一面ではあります。しかし、そうした美しい街並みや景観を縁の下で支えているのがエコロジーであることは、あまり知られてはいません。

二〇〇九年から一一年まで、ウィーンが三年連続で「世界生活環境調査」（調査／アメリカの国際コンサルティング会社マサー）の第一位となってきたことを、皆さんはご存知でしょうか。治安・政治・環境などのさまざまな面を総合して、ウィーンは世界でもっとも暮らしやすい都市と認定されたのです。

ウィーンはまた、「スマートシティ」でのヨーロッパ第一位（世界では第二位）にもなっています。スマートシティとは、エネルギーを有効利用し、生活するためのコストも低く、情報ネットワークの整備によって、もっとも効率的で安定的な生活環境を整えた最先端都市のことです。

なぜウィーンは、そのようなステキな都市になったのでしょうか。

その大きな理由の一つに、「エコロジーへの取り組み」があります。

かつて家々には煙突がありましたが、今では、ほとんど見当たりません。

ヨーロッパの約半分を支配したハプスブルク家は、この王宮で神聖ローマ皇帝などとして執務していました（ウィーン観光局ホームページより）

かりに煙突があったにせよ、そこからは黒い煙が排出されていません。それは、地域暖房システムが完備され、暖房のために木や石炭を燃やす必要がなくなったからです。また市内中心部への自動車の乗り入れは制限され、公共的な交通システムが整備され、自転車道も完備され、おまけに個人で自転車を持たなくても、行政と広告代理店が共同となって十分な数の「シティバイク（公共自転車）」を用意してくれています。

ウィーンを訪れる人々は、実は、地道にエコロジーに取り組んできた行政と人々によって、美しい空や緑、そして街の景観を心から享受することができているのです。

便利さを優先するあまり、現代社会は、次々と自然や景観を破壊し続けてきました。林立する近代的な高層ビル群や、人々があふれる雑踏も、おしゃれなブランドショップが立ち並ぶ街路も、確かに都市の持つ大きな魅力かもしれません。東京や大阪などの大都市では、かつてのスモッグや河川の汚染などは取り除かれてきました。その行政的な努力には、敬意を払う必要があるでしょう。

しかし、その陰には、貧困があり、犯罪があり、交通事故があり、孤独死があり、人々のつながりの希薄さなどによる精神的な病が蔓延していることも、また事実なのではないでしょうか。美しい近代的な街並みの裏で、人々はまるで人生を量《はか》り売りするような仕事に時間を奪われ、他者に対する関心を廃《すた》れさせ、精神を犯され、生きる力さえ奪い取られようとしてきているのです。

自然にあふれるアフリカのある場所から東京にやって来た若者の一人は、「歩道が動く」ことに驚き、夜景の輝きに見ほれ、山積みされたような電化製品の多さにびっくりしたといいます。しかし、その大都会東京を支える膨大な電力エネルギーは、結局は東北などの地方に建てられた原子力発電所や火力発電所によってまかなわれていました。今回の原子力発電所の事故によって、首都圏の計画停電が実施され、私たちは、否応なくその「事実」に気づかされたのです。

「今回、ひとつだけいいことがあって。それは今回のことで、東京の人

に『東京の電気は福島で作っている』ってことに気づいてもらえたことだ」(『辺境からはじまる：東京／東北論』明石書店)

福島で被災した五〇代男性は、避難所でのインタビューで、こんなふうに答えました。「いいこと」。その言葉には、深い憤《いきどお》りが隠されていることを、私たちは忘れてはならないでしょう。

私たちは、こうした現代社会の歪《ひず》みを、どこかで大きく修正する必要がありそうです。何よりもそこに住む市民が自分たちの地域を誇りに思い、幸せを実感できること。そうした市民がいてはじめて、観光客もまた、「居心地がいい」「もう一度訪れたい」と思うようになるのではないでしょうか。

ウィーンでは、行政が中心街へ入ってくる自動車の数を大幅に減らす法律を作り、その大枠の中で、市民たちは公共のものを大切に使う、エコロジーを日々当たり前のように心がける実践をしています。

そこには自分たちの街を自慢に思う、人々の笑顔があります。そうして観光などで訪れる人々にも、そんな街の良さを実感してほしい、と思う実践があります。

そうして市民自らの手で作り上げたエコロジー都市ウィーンは、二〇一二年には年間一二三〇万人もの観光客が宿泊するようになったのです。日本が、そんなウィーンに学ぶことは、きっと数多くあるはずです。

では、どのような取り組みをしているのか。主要なものを取り上げていきましょう。

目につくところで清掃作業

ウィーン市内を歩いていて思うことは、道路にゴミ一つ落ちていないことです。見ると、あちらこちらで日中に清掃活動が行われています。明るいオレンジ色のウェアを身にまとった清掃局員は、街中だけではなく、住宅地や公園、スーパーの前など、どこでも作業をしています。清掃車も同じ明るいオレンジ色をベースにしていますから、目につきやすく、しかもカッコイイことが特徴でしょう。

日本では、朝早くにゴミを出しておいて、清掃局が委託した会社などのグレーやモスグリーンの清掃車が、次々とゴミを清掃車に投げ入れていく、という光景が当たり前でしょう。しかしウィーンでは、日中に清掃車と清掃局員が街中を細かく回り、観光客や市民が見ている前でごみを収集し、丁寧に掃除をして回っているのです。

私には、わざと目につく色の制服にしている、と思えます。それは注目を集めるということ。注目を集める清掃局員は、否が応でも立派に仕事を務めようという気になることでしょう。その清掃局員の姿は、「私たちがウィーンの環境を美しくしているのだ」という誇りにあふれているようです。

実際に、ゴミを収集中の清掃局員に話をお聞きしましたが、「もちろん仕事に誇りを持っています。それに、仕事がこうだからいうのではないですが、スーパーには必ずエコバックを持っていきますよ」とのことでした。

そんな光景を毎日、目の当たりにすれば、市民も必然的にゴミに対する意識が変わっていくことでしょう。街を美しく保つために、できるだけゴミを出さない、無駄な物は買わない、そういう意識をウィーンの人々は、当たり前のように身につけています。

また、そのためには多くの清掃局員を雇う必要がありますが、それは失業対策も兼ねていて、失業や、それに伴う犯罪の減少にも貢献しているのです。

ウィーンは、一九八九年のベルリンの壁崩壊や東欧諸国の共産体制の崩壊までは、人口一五〇万人を割っていました。ところが、それ以降、東欧諸国を中心とした人々が仕事を求めてウィーンにやってくるようになり、現在では約一七六万人にまで増加しています。

ウィーン行政の重要な仕事は、いかに観光客の増加を図り、いかに雇用を確保していくかにあったのでした。その一つが清掃局員の増加です。しかも、薄汚れた服で仕事をするのではなく、カッコイイ目立つ制服で、人々の見守る中で堂々と清掃作業を行うことは、彼らに誇りをも持たせていったのです。

ウィーン清掃局の車と清掃員。明るいオレンジの車体と制服が、観光に訪れた人々の目を引くことで、彼らは誇りを持って仕事をしています。

アパートや街の決まった場所には、さまざまな色のふたをしたゴミコンテナが並ぶゴミステーションがあります。

赤いふたは、古紙回収用(新聞や雑誌、コピー用紙など、汚れていない紙)。

青いふたは、缶・針金・壊れたなべなど、一般の金属類。ガスを抜いたスプレー缶もOK。

白いふたは、色なしガラス。

緑のふたは、色つきガラス。

黄色いふたは、プラスチック類。

茶色いふたは、枯葉、野菜、果物など有機肥料になるもの。

灰色・銀色のふたは、その他、燃えるゴミや残飯など。

これは、アパートなどの前に備えてあり、街の通りにはありません。

こうしたコンテナ以外に分別して捨てるゴミもあります。電池や油、電球など、コンテナに入れられないゴミは、特別なステーションに持っていきます。これは各区に一つはあるそうです。また、牛乳パックは専用の箱にいれて、決まった回収日の前夜にアパートのドアの前に出しておくと、業者が回収し、新しい回収箱を置いていくというシステムになっています。この箱は、郵便局やスーパーなどにもあります。また使用済み電池、使用済み油、粗大ごみなどにも、きめ細かな回収システムが確立されています。

さらに、アパートなどの住宅地には、古着や不要になった衣類を回収する、大型のボックスも設けられています。これは行政ではなく、赤十字社などの慈善団体が行政のゴミコンテナの横に設置したものです。ウィーンに暮らす人々は、古着や不要になった衣類を一度洗濯してからひもで縛ってこのボックスに入れる、という仕組みです。

集められた古着や衣類は、発展途上国などに送られるほか、バザーなどでも販売され、その売上金もまた恵まれない人々のために役立つということでした。

「もったいない」運動は、ケニア出身の環境保護活動家でノーベル平和賞にも輝いた故ワンガリ・マータイさんが広めたものですが、その精神

ウィーンの街角にある衣料回収ボックス。赤十字社などの慈善事業の一つとして、古着などを回収しています。一般的には、ゴミを収集するボックスの横に並べられています。

を地で行っているのが、このウィーンの人々です。その「もったいない」という気持ちと、ものを大切にする、ということがきちんとした形になり、処分の行方まで見届けることができるのです。そうすることがまた、普段の生活を見直すきっかけを与え、余分なものは買わない、持たない、そしてエコロジーに貢献するという姿勢が、習慣として身についていっているのでしょう。

自動車の乗り入れ制限

ウィーンでは、かつては他の都市と同じく、自動車の排気ガスに悩まされていました。山間部にあるウィーンでは、どうしても排気ガスが滞りがちになり、環境汚染の代名詞ともなっていたのでした。

しかしそのウィーンで、一九八五年に「オゾン層の保護のためのウィーン条約」という、地球環境を守る国際的な枠組みを決めた条約が採択されたのです。ウィーンが環境保護活動に対して本格的に目覚めたのは、このときからではないでしょうか。

もっとも、オーストリアは一九八〇年のイラン・イラク戦争がきっかけで石油価格が高騰したことを受け、バイオマスエネルギーの生産を積極的に推進してきました。バイオマスエネルギーとは、木くずや間伐材《かんばつざい》を使用した木質エネルギーのことで、地球温暖化を進める二酸化炭素（CO_2）の削減に貢献しています。これに関しては後で詳しく述べさせていただきます。

一九九五年、オーストリアはEU（ヨーロッパ連合）への加盟を国民投票で決定しました。それ以降、ウィーンでは本格的なエコロジー活動を開始することになります。まず、二酸化炭素の排出量を減らすために自動車の利用を制限させたことがあります。また駐車場の数も大幅に減らしたため、乗り入れた自動車が停められないので、それも自動車の乗り入れ制限に貢献しました。

旧市街では今でも馬車が走っていることもあって、朝一〇時以降は自動車を乗り入れることはできません。馬車の馬は、当然のこととして馬

ウィーンの旧市街を走る馬車。旧市街では日中は自動車の通行が禁止されていて、移動には自転車とともに馬車が活躍しています。

糞を撒き散らかしますが、ユニークなことに、馬のお尻の馬糞が落ちる辺りに袋が付けられていて、その馬糞が街を汚さないようにされています。

こうして、ウィーンは美しい空と空気、街並みを保全することができたのです。

スーパーマーケットのエコロジーへの取り組み

スーパーマーケットは、人々が日常的に利用する大切な場所の一つです。ですから、そのスーパーマーケットでの、無駄を省いたエコロジー活動の実践は、美しい街づくりに大きく貢献します。

ウィーンのスーパーマーケットでは、日本でおなじみのビニールバックは〝無料〟ではもらえません。日本円にして一枚五〜六円で販売されています。エコロジーを徹底するには、ビニールバックを無料のサービス品として提供するのではなく、きちんと値段をつけて販売することによって、自然と人々がエコバックを持参するように持っていく。これが大きなポイントです。

実際に、スーパーマーケットで買い物をするほとんどの人々がエコバックを持参していました。しかも、ビニールバックを買ったとしても、それは素材じたいがトウモロコシの粉末から作られていて堆肥《たいひ》になるために、焼却処理する必要がないのです。

肉や果物などの生鮮食品は、日本では小分けにされ発泡スチロールのトレイに入れられて販売されているのが普通です。またキャベツなどは細かく小分けされて、ポリエチレンのラップに包まれて販売されています。

しかしウィーンのスーパーマーケットでは、量《はか》り売りが基本です。必要な分だけ買うようになっているので、無駄がなく、余分な包装も必要ありません。

ここでは、この発泡スチロールの問題点を考えていきたいと思います。

ご存知の方もいるでしょうが、発泡スチロールのほとんどはポリスチレンという石油加工品で作られています。

日本のスーパーマーケットの多くには、この発泡スチロールのトレイを回収するボックスが備えられています。日本の発泡スチロール協会によれば、二〇一一年のリサイクル率は八五・七パーセントに達し、年々上昇してきているといいます。それは、とても素晴らしいことではあるでしょう。しかし、印刷されている発泡スチロールはリサイクルが難しいなどの問題点もあり、実際には破棄されて焼却処理される場合も多いということも知っておいてほしいのです。

またリサイクルする場合、その処理じたいにエネルギーを要しています。つまり、「リサイクル」といっても、それにエネルギーを要しているのであれば、「リサイクル」することさえ必要がないようにしたほうがいいに決まっているのです。

ウィーンのスーパーマーケットでは、「量り売り」が基本ですから、「リサイクル」そのものを考える必要がありません。日本でもかつては

さまざまな形の発泡スチロール。日本のリサイクル率は高まっていますが、石油製品であり地球資源を使っていることには変わりはありません。

「量り売り」が当たり前でしたし、商店街の個人商店などでは現在も「量り売り」をしているところも多くあります。

エネルギーを必要とする「リサイクル」じたいを行わない方法、それこそが「量り売り」だったのでした。

オレンジジュースも、その場で、まるごとのオレンジを機械で搾《しぼ》る方式なので、防腐剤も入っておらず、新鮮そのものです。私も実際に目の前で、機械で搾ったオレンジジュースを飲んでみましたが、その美味しさはまさに自然の味でした。

さて、日本ではどうでしょう。日本のスーパーマーケットでは、紙パックの「濃縮還元」と書かれたジュースが販売されています。これは、果実の生産地で一度搾《しぼ》ったものから水分を飛ばして濃縮し、ジュース工場で再び水を加えて加工する方法です。

なぜそんなことをするのか、といえば、「濃縮」して容積を圧縮したほうが、流通コストを安く抑えられるからです。また「濃縮」したほうが、長期間、風味や栄養素を損なわずに済む、といった利点もあるようです。

しかし、よく考えれば、それは経済的な観点からの利点であって、自然や人間のための観点ではなく、それじたいに大きなエネルギーを消費していることを忘れてはなりません。

その場で搾って販売する。そんな直接的な方法こそ、実は、自然や人間の観点に立った販売方法なのではないでしょうか。

また店の奥には、空きビンやペットボトルを回収するための自動販売機に似たようなボックスがあり、返却するとお金が戻ってきます。金額は日本円に換算して、ビールビン一本で約三六〜四〇円、ペットボトルで約三〇円。このように、料金が高く設定されていることがポイントです。これだけのお金が返ってくるなら、誰だって返却しようとするでしょう。これが、高い回収率を誇る理由なのです。

私は、リサイクル可能なあらゆるものは、このような返金システムをとるべきだと考えます。多少、販売価格が高くなっても、その分、リサイクルに回せばお金が戻ってくるのですから、人々のリサイクルに関す

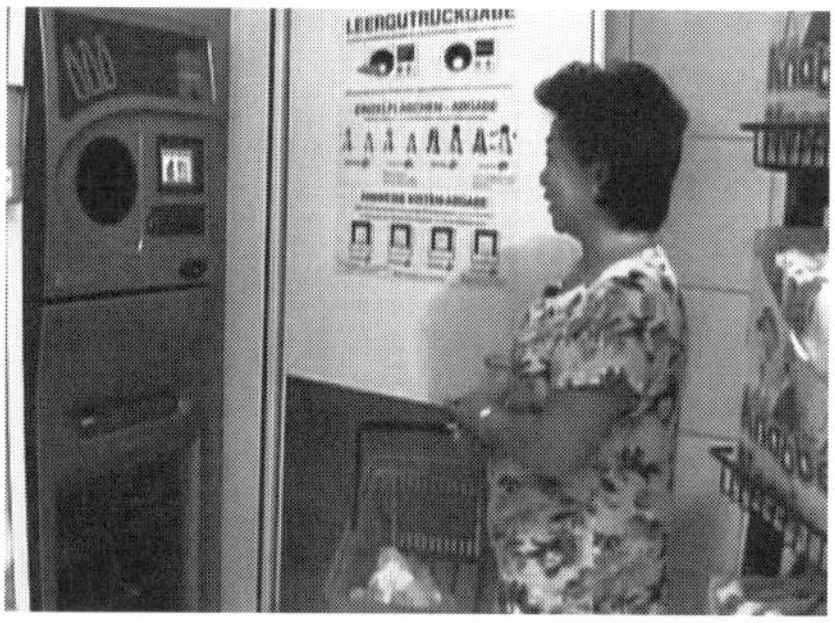

ウィーン郊外のスーパーマーケットでは、ペットボトルの回収ボックスが置かれています。丸い穴にペットボトルを入れると、下からお金が出てくる仕組みになっています。

る意識も高くなってくることでしょう。お酒や飲料水のメーカーにとっては、価格競争は確かに重要でしょうが、もっと国や行政と連携して、「いかに資源のリサイクル率を高めるか」を考えるべきでしょう。有限である資源を有効に使う道こそ、これからの社会を考える意味で重要な課題ではないでしょうか。

私が訪れたウィーン郊外のスーパーマーケットでは、外に電気自転車用の充電スタンドも設置されていました。それはオーストリア全体で、現在、約三〇〇〇カ所にまで拡大していて、利用者も増えているそうです。

日々の生活の中で日常的に利用する、こうしたスーパーマーケットに設置してこそ、利用者も増えてくる。エコロジーは、まさに日常の中に根づいたものでなければならないと、実感しました。

エコロジーは、気が向いたときだけ行えばよい、というものでは決してありません。それはファッションのように流行に左右されるものでもありません。日々の生活の細かい部分にまで行き届いてこそ、そして人々が日常的に実践できてこそ、それは本格的に有効性を発揮するものなのです。

しかし、エコロジーの徹底だけでは、まだ不十分です。それだけでは、市民や観光客の「利便性」を奪うことにもなりかねません。もし市民に不満がたまり、観光客の足を奪う結果になったとすれば、ウィーンという都市じたいの魅力も薄れ、観光都市としては成り立たなくなっていったことでしょう。

では、市民や観光客が市内を快適に回るために、どのような取り組みをしたのでしょう。それは、かなり抜本的な思い切った改革でした。

シティバイクの導入と交通手段の効率化

「シティバイク」でクリーンな移動

面積が約四一五平方キロメートルという、横浜市にも匹敵する広さを持つウィーン。そんな街中を自由に行き来するために、市は二〇〇二年、オーストリア最大の広告代理店とともに、レンタサイクル・システム「シティバイク・ウィーン」を導入しました。自転車の前後輪と前カゴに広告主のスポンサー名が入っていて、かなり目につきます。その広告収入があるために、利用料金を安く抑えることが可能になったのです。

その数は一二〇〇台以上。旧市街を中心とした市内八〇か所のステーションに常備され、何と一時間のレンタル料は無料で、それ以上利用する場合でも、二時間までなら一ユーロ（約一三〇円）、三時間までなら二ユーロ、四時間から一二〇時間までなら一時間につき四ユーロと、料金

シティバイク・ウィーンの自転車置き場。借りるときは、クレジットカードを使用しますが、一時間までなら無料というのが魅力です。（ウィーン観光局ホームページより）

も気軽に利用できる範囲にしています。しかも、「シティバイク・ツーリストカード」を市内の各ホテルなどで求めれば、丸一日で二ユーロしかかからないという、観光客用の特典までついています。その利用方法はオンライン登録か、ステーションで簡単にクレジットカード登録ができます。この登録料金は、たった一ユーロ。設置した当初は登録する必要がなかったのですが、盗難が多かったため、このような登録制度になったとのことでした。

小回りの利く自転車は観光スポットの数多いウィーン市内を散策するには持ってこいなので、多くの観光客に利用されています。またステーションも電車の駅など交通の結節点に多く設けられているので、市民も気軽に利用しています。もちろんどの場所にステーションに返却してもOKです。

またウィーン市内には、総距離一二〇〇キロメートルにも及ぶサイクリングロード（自転車専用道）が設けられています。これは一九八六年から造りはじめられたものですが、二〇一二年の時点では当時の約五倍

サイクリング専用ロードを走るシティバイク。サイクリングロードはいろんな観光ルートにもなっていて、健康にもいいので、とっても快適です。（ウィーン観光局ホームページより）

の長さになっていて、現在もなお延伸中です。

　こうした自転車専用の道を造ることで、自動車の交通量を減らし、交通事故の防止にもつながっていて、安心して市内を回ることができるようになったのです。自転車に乗ることは健康にも良いと認識されているので、利用者は今後さらに増えていくことでしょう。

　この制度の良いところは、個人が自転車を保有する必要がなく、市民や観光客が共有する、という点でしょう。自分が保有していることに価値を見出すのではなく、必要なときだけシェアして使用する、という考え方は、不要なものを増やさないため、それじたいがエコロジーにつながっているのです。

　こうしたレンタサイクルは、シティバイクだけではなく、ドナウ河岸などのあちこちに「貸自転車店」があり、それらも気軽に利用できます。しかも、環境にやさしい乗り物は、他にもいっぱいあります。たとえば「ファクシー」。これは、客席が二つある三輪自転車タクシーのことです。「セグウェイ」は自立式のハイテク二輪車で、これも貸し出しているとこ

シティバイクのマーク。赤が基調色で、誰にでもすぐに分かります。（ウィーン観光局ホームページより）

ろがあります。

ほかにもドナウ河岸には貸ボート、貸足こぎボートなどを提供する店も開いていて、まさにウィーンはエコロジー天国といえるでしょう。

路面電車・バス・地下鉄の効率的な交通ネットワーク

ウィーンの交通機関には、先ほどご紹介した馬車、路面電車（ウィーン市電）、観光客用路面電車（リングトラム）、バス、SバーンやRバーンと呼ばれる国が運営する郊外電車、そして地下鉄があります。

ウィーンでは今もなお、路面電車（ウィーン市電）が縦横に走っています。日本では自動車交通の妨げになるとして、その大半が失われてしまいましたが、ウィーンでは一八九七年に敷設されて以降、廃止されることはなく、今も市内の重要な交通手段になっています。しかも、その車両の最新のものは、ドイツ・ポルシェ社がデザインし、同じくドイツのシーメンス社が製造した近代的なもので、老人や障害者にも配慮した低床式。何と、道路との段差は一九センチメートルと、世界一の低さです。

そのウィーン市電は郊外近くにまで延びていて、路線系統は三二系統に及ぶ大規模なネットワークを誇っています。今では「ウーバーン」と呼ばれる五路線の地下鉄も走っていますが、市内交通の「顔」は、何といっても路面電車でしょう。

路面電車の運行ダイヤは平日、その登校日と休校日、土曜、日曜・祝日と細かく分かれ、早朝の五時台から深夜の一二時台まで走っていて、しかも日中の運転間隔は四～五分。路線総距離は一七二キロメートル、停留場の数は一〇三三カ所もあります。一日平均で、約四〇万人もの人々が利用しているとのことでした（ウィーン市交通局資料／二〇〇九年）。七両～四両編成などの連結式が多いので、一度に多数の人々が利用可能なのです。

観光客用のリングトラムは、毎日一〇時から一八時までの営業運転で、運転間隔も三〇分ごとですが、液晶ディスプレイで各名所のハイライト

ウィーン市電（路面電車）。斬新で近代的なデザインが特徴です。写真の電車は三両連結になっています。低床式なので誰にも利用しやすくなっています。（ウィーン市交通局ホームページより）

が紹介されていて、しかもいろんな言語による解説をヘッドフォンで聴くことができます。専用チケットが必要ですが、一周乗車券七ユーロ（途中下車無効）、二四時間券（途中下車自由）九ユーロ、ウィーン市内二四時間フリーパス（すべての乗り物を利用できます）込みの場合だと一四ユーロと、観光客にも高い利便性を提供しています。

バスもまた重要な移動の足になっていて、八三路線、路線総距離は六四一キロメートルで、三二六一もの停留所数があります。しかも全五〇〇台中、約四〇パーセントが連結バスなので、輸送可能な人数も多いのです。このバスの利用者は一日平均で三一・四万人。郊外電車、地下鉄や路面電車の駅と駅を結び、主要交通手段を補う役割を果たしています。

ヨーロッパでも比較的遅く、一九七〇年代になって整備がはじまった地下鉄ですが、現在では五路線が整備されていて、現在の路線総距離は約七〇キロメートル。ただしオーストリア国鉄の軌道と同じ幅を採用しているので、将来的には地下鉄とオーストリア各地を結ぶ、ということも可能になりそうです。現在の利用客は一四〇万人ほど、ということでした。

東京の都営地下鉄の路線総距離が一〇九キロメートル、一日平均の利用客数が約二三〇万人ですから、ほぼ同じほどの混み具合といったところでしょうか。

ウィーンの路面電車、バス、地下鉄の一日の総運行距離を合計すると、一八万一〇〇〇キロメートル。これは、地球を四・五周する距離に相当するというから驚きです。

ウィーン都心部の路線網は地下鉄が中心になって形成されていて、路面電車も健在で、バスがそれらの路線の短所を補う、という構図になっています。そして、Sバーン、Uバーンという郊外電車がウィーンと郊外を結んでいます。

具体的な利用者数を見ますと、一九九三年に、公共交通機関の利用者

「ウーバーン」と呼ばれる地下鉄の車両。これも斬新で近代的なデザインが採用されています。（ウィーン市交通局ホームページより）

が二九パーセント、自動車の利用者は四〇パーセントだったのに対して、二〇〇九年には、公共交通機関の利用者が三五パーセントに増え、自動車の利用者は逆に三二パーセントにまで減っています。

しかも、路面電車、バス、地下鉄は、同じゾーン内なら一枚の乗車券を買うだけで、どれでも利用が可能です。観光客に対しては、七二時間（三日間）乗り放題フリーパス（ウィーンカード）が、各ホテルなどで、一九・九ユーロで求めることができます。なんと、このフリーパスには数多くの観光名所、カフェ、レストラン、ショッピングなどで、さまざまな割引特典までついているのです。

そして公共のシティバイクと自転車専用道の整備。こうなれば、わざわざ自動車でウィーン市内に乗り込もうなんて考える人が少なくなるのは当然でしょう。

歴史のある古都が実践する進取の試み

「進取の都市」ウィーンが歩んだ歴史

かつては栄華を誇るハプスブルク家の帝都として栄えたウィーンですが、第二次大戦によってオーストリアがナチスドイツによって併合されるに及んで、ウィーンは「首都」としての地位を失います。しかし一九四五年、ナチスの敗北によって、ウィーンは米英仏ソ四カ国の共同占領下に置かれることになります。そうして一九五五年、ようやくオーストリアは主権を回復し、ウィーンは再び首都に返り咲いたのでした。

その状況は、敗戦によってアメリカを筆頭とする連合国の管理下に置かれ、一九五二年のサンフランシスコで調印された平和条約によって主権を回復した日本とよく似ている、と思われるかもしれません。

しかし、日本がアメリカと安全保障条約を交わし西側諸国といわれる資本主義国家の一員となって、再び繁栄を取り戻していったことに比べ、オーストリアは、少し異なった方向を模索していったのでした。

かつてはハプスブルク王朝の一員であった東欧諸国は、第二次大戦後、オーストリアを除いて、ほとんどの国が共産主義国家となって、ソ連（現ロシア）との結び付きを深めていきました。そうした東側諸国といわれる共産主義諸国を背後にひかえたオーストリアは、主権を回復してすぐに、その微妙な立場から、スイスに見習って「永世中立国」を宣言します。

永世中立国とは、次に戦争が起きても、どちらの側にもつかない、永世にわたって中立を守る国、という意味で、それをほかの国も承認している国ということです。

さらに、一九七二年に第四代国連事務総長となったクルト・ヴァルトハイムは、国際連合ウィーン事務局をはじめ、数々の国際機関をウィーンに設置することに成功し、一躍ウィーンを、ニューヨークやジュネーヴと並ぶ「国連都市」として発展させていくことになるのです。

ウィーン中心部に建つ近代的な建築物。古い建築物と実にマッチしているところが、芸術の都でもあウィーンはもともと、ハプスブルク家の帝都であったために、ドイツ語はもちろん、ハンガリー語、チェコ語、ルーマニア語、さらにイタリア語やロマ語まで含めた多彩な言語を話す人々が暮らす都市でした。ですからウィーンの人々にとって、国際的な都市になることは、当たり前のように受け入れられたのでしょう。

ヨーロッパの都市は「城壁」によって囲まれているのが普通ですし、現在もその城壁跡が残っている都市も数多くあります。しかし、他国や農村からの多くの人口が流入して一九一〇年には二〇〇万人を超えたウィーンでは、同年、その城壁の撤去が行われて市街地域が拡大します。

こうしてウィーンは、古い街並みやハプスブルク家ゆかりの豪華な建築物があり、かたや最新デザインのビル群、アパート群も建ち並んで、古さと新しさが見事に融合する都市となったのです。

伝統的な街並みの中を、近代的なデザインの路面電車が走っている風景は、それを見事に証明しているといえるでしょう。ヨーロッパなどの

るウィーンの素晴らしいところです。（ウィーン観光局ホームページより）

あらゆる文化が流入し、そこからまたさまざまな新しい文化を発信してきたウィーンは、つねに「進取の都市」でもあり続けてきたのです。

フンデルトヴァッサーが生んだ「自然と共生する住宅」

フンデルトヴァッサーという人をご存知ですか？　画家で、建築家で、哲学者。一九二八年一二月にウィーンで生まれ、二〇〇〇年二月に晩年を過ごしたニュージーランドに帰る客船の中で息を引き取った彼は、ウィーンを中心に世界で活躍した二〇世紀最後の偉人の一人です。

フンデルトヴァッサー・ハウスと呼ばれる公共住宅が、ウィーンに建てられています。それは、一九八六年に完成した自然と共生する公共住宅で、曲線を多用する外観、内部空間を持ち、カラフルな色彩で彩られ、しかも温室など建物の中にも、外にも、屋上にも、緑がいっぱいです。

その建築物は、エコロジー住宅の出発点になりました。

一九七二年、すでに画家として名をはせていたフリーデンスライヒ・

フンデルトヴァッサー・ハウス。一九八六年に完成しましたが、公共住宅として今でも市民の人気の的です。自然との共生をテーマにしています。

フンデルトヴァッサーは、あるテレビ番組で「植物と共に生きる家」を建築することが自分の夢だ、と熱い想いを語りました。その想いに応えたのが、当時のウィーン市長レオポルト・グラーツです。

一九七七年、グラーツは、フンデルトヴァッサーに、自然と共生する公共住宅の建築を依頼。しかしフンデルトヴァッサーが提案した建築物のイメージは、当時の建築家から見れば常識外れのものであり、賛同して共同で建築してくれる建築家が現れたのは六年も後で、それからようやく建築がはじまりました。

それでも建築途上には、波乱がいっぱいでした。職人たちはフンデルトヴァッサーの考えを理解せず、まっすぐな壁面や床を作ってしまいます。フンデルトヴァッサーや彼に賛同した建築家たちは、毎夜のようにハンマーを持って、そのまっすぐな壁面や床、直角にとがった壁の角などを打ち壊していかなければならなかったといいます。

しかし建築物が完成すると、専門家からは非難を浴びたものの、市民はこぞって彼の作った公共住宅に住みたいと殺到して、大評判になったのでした。

屋内の階段は渦巻き状で、壁や床も緩やかに波打っています。そしてあふれる緑は、今もなお成長を続けています。

フンデルトヴァッサーの哲学は、「自然の中にただ一つ存在しないもの、それは直線だ。社会が、自然の中に存在しないこの直線に基づいているとすれば、やがて必ず崩壊するだろう」というものでした。

なぜ彼が、そのような考えを抱くようになったのか。それは、ナチスの圧政下をユダヤ人として耐え抜いた彼に、第二次大戦後に自由が訪れ、画家になりたいと、スケッチブックを持って各地を放浪していたときでした。北アフリカの広大な大地、伝統的な赤を基調として建てられている素朴な民家。そんな自然と共生する人々と文化に出逢った彼は、そこで感じた想いや風景をキャンバスに猛然と描いていきます。

けれども放浪から帰ってきた彼を待ち受けていたものは、四角く直線的な建築物の群れ。大戦後の建築ラッシュの中で次々と空に伸びていく建築物を見て、彼にはそれが、まるで人間を閉じ込める「牢獄」のように思えたのでした。

フンデルトヴァッサーの建築物は、建築史的には「ポストモダン」と呼ばれるものです。モダニズム建築が合理性や機能性を優先させてきたのに対して、ポストモダン建築は、その反省の上に成り立っています。モダニズムが、味気のない、装飾性を否定した内容であったのに対して、ポストモダンは、人間性への回帰を求めてきました。もちろんポストモダン建築のすべてがいい、というわけではありません。過剰な装飾や建築家の個性のみを優先させたものなども生まれました。

そんな中でフンデルトヴァッサーは、「自然との共生」という哲学を明確に建築に持ち込んでいったのです。彼の手がけた建築物は、日本にも数多くあります。その中でも二〇〇一年に完成した「大阪市環境局舞洲工場」は、ほんらい隠すべきだったゴミ焼却場を「見せる」ものへと変貌させ、今でも見学者や観光客が頻繁に訪れています。

そのフンデルトヴァッサーが、大阪市民に宛てたメッセージは、次の

これもフンデルトヴァッサーが設計した大阪市環境局の舞洲工場。建てた当時は「税金の無駄使い」などと批判も浴びましたが、今では多くの観光客や見学者で賑わっています。（大阪市環境局ホームページより）

ようなものです。

「焼却工場と煙突は一体のものです。

大きく攻撃的で冷たい表情を持つ建物は、人間おのおのが持っている創造性を活かすことにより、人間らしさを取り戻すことができます。

建物の外観は中で何が行われているかを表現しています。

立ちのぼる赤と黄色のストライプは燃焼工程の炎をあらわします。

屋根の緑化は自然と調和した人間生態的（エコロジー）なコンセプトを象徴するものです。

この緑化は単に象徴的なものだけでなく、実際に大阪の人達、特にここで働く人のために空気を浄化します。

誰でも、自然と人間性を無視した醜い工場より、屋根に木が育っている美しい城で働くことを好むでしょう。

たいていの工業団地の攻撃的な外観は、人間の心を痛める最悪の環境公害である攻撃的な視覚公害をもたらします。

大阪の焼却工場は人間的な手段で生まれ変わるので、人々は誇りを持ち、親しい友人のように考えるでしょう。大阪の人々、さらには世界の人々にとって、注目すべき偉業となる新しいランドマークが創られるでしょう」（大阪市環境局舞洲工場ホームページより）

ここに彼の考え方が、よく表れています。

ウィーンでは、フンデルトヴァッサーが設計した建築物が、ほかにも数多くあります。彼の絵画を中心に展示している美術館「クンストハウス」、まるでアートそのもののようなシュピッテラウのゴミ焼却場など、そのどれもが彼の哲学を反映したもので、観光名所の一つにもなっています。

ヨーロッパといえば、石造りのシックな街並みが続くイメージを持たれている方も多いでしょう。ところがウィーンは、一九六〇年代以降の現代建築がアクセントになり、伝統と近代的な建築、あるいはもっと自由でカラフルな建築物も融合した、ウィーンならではの新しいスタイルを完成させた都市なのです。

帝国ホテルも採用している「エコビジネスプラン」

ウィーンでは一九九八年から、市の環境保護局が主体となって、企業の環境保護への取り組みを支援するプログラム「エコビジネスプラン」を実施しています。

この「エコビジネスプラン」とは、企業が環境保護やエコロジーに、自発的に取り組むことを支援するプログラムで、「企業に対する教育プログラム（ワークショップ）」と、「個別コンサルティング」から成り立っています。

まずワークショップでは、廃棄物の管理、省エネルギー、環境の管理体制など、企業がエコロジーへの取組みを効率よく進めるための教育を行います。これは、複数の企業の環境取り組み担当者などが参加する場合が多いとのことです。

一方、個別コンサルティングでは、専門的なコンサルタントが各企業を訪問して、現状を確認した上で、その企業の状況に応じた専門的な指導を行います。

ここでは、帝国ホテルの取り組みを紹介しましょう。ウィーンの帝国ホテル（ホテルインペリアル）といえば、もとはハプスグルク家のヴュルテンベルク王子の宮殿として一八六三年に建築されたものを、一八七三年にウィーンで開催された万国博覧会を見学に訪れる宿泊者用として改装され、翌年に正式に創業された、五つ星の最高級ホテルです。

このホテルは積極的にエコビジネスプランに参加し、省資源化とコスト削減に成功し、二〇〇九年にはオーストリア政府から「エコラベル」を、二〇一〇年にはウィーン市から「エコクオリティーラベル」の認証を受けています。

具体的には、次のような取り組みが挙げられます。

（１）「客室の洗面所とシャワーの給水と給湯への節水コマ（水量を減らす道具）の導入」

これには宿泊客にどれだけ影響するのかを確かめるために、まず数室

ウィーンでも最高級の「帝国ホテル（ホテルインペリアル）」。このホテルでも、エコロジーが徹底されています。

で試験的に導入して、影響がないことを確認してから全室に導入しました。

（2）「レストランなどの冷凍庫の廃熱を、給湯の予熱として活用」

これには多少の工事が必要でしたが、省エネルギーに役立ちました。

（3）「客室の掃除に使う洗剤量を削減・排水の汚染防止のために生分解性の洗剤に変更」など

それまでは清掃のために洗剤を使用していても、どれだけ使用するのかといった制限がありませんでした。そこで掃除に必要な最適な洗剤の量を明確にし、マニュアル化して徹底を図りました。これによって使用料とコストを削減できたのです。

サービスの品質を下げることなくエコロジーへの取り組みが可能だということに気がついた従業員たちは、それがウィーン市などから認証を得るに及んで、さらに仕事へのモチベーションが上昇していったといいます。

ウィーン発のこの「エコラベル」制度は、今ではＥＵ諸国に広まり、

「EUエコラベル」として二七か国にまで広がっているとのことでした。

こうしたウィーンの例を見ていくと、エコロジーとは必ずしも何か大きな変革が必要だということではなく、身近にできることからはじめ、それを習慣にしていって、地道に積み上げていくということだということが、お分かりいただけるでしょう。

日本では東日本大震災以降、電力会社の要望もあって、各企業や自治体、そして私たち一人ひとりが、意識を持って節電に努めてきました。そうして一〇パーセント以上の節電を成功させたことは、私たち自身が誇りを持つべきことでしょう。私は、それが日本人のライフスタイルになることを願ってやみません。

エコロジーもまた同じです。どこかで誰かがやるだろうと考えるのではなく、まず自らが動いて実践して、それを確実に誰かにも伝えていくこと。そんな小さな積み重ねが、きっと豊かで実りのある未来を創造していくのではないでしょうか。

コラム①

オーストリアと日本の森林事情

オーストリアと日本の森林面積や、森林を構成する樹木の種類についてみてみましょう。

オーストリアは、北海道の稚内よりも北に位置しているので、針葉樹ばかりのイメージがありますが、実はそうでもありません。

それは地中海から吹きつける暖かい風の影響を受けているためで、ウィーンの場合、もっとも寒い一月の平均気温が〇・一度、もっとも暑い七月で二〇・一度。東京との気温差は、だいたい六度ほど低い程度でしょうか。ですから針葉樹の構成比率が日本よりも低くなっているのです。

しかし、もっとも大きな違いは、日本ではスギなどの人工林が四一パーセントもあって、その大半が放置されているのに対して、オーストリアでは木材生産が盛んで、全森林面積（約四〇〇万ヘクタール）のうち、開発可能な森林が八割以上もあることです。実際には、日本では伐採されている樹木が四分の一程度なのに対して、オーストリアでは四割近くも伐採し利用されています。日本の森林面積は約二五〇〇万ヘクタールもあるのですから、その樹木を積極的に利用するようにすれば、大きな産業になるはずです。

そのヒントの一つが、木質バイオチップの生産と利用ではないでしょうか。冬の寒い北海道や東北・北陸地方などでは、今でも暖房はその大半が灯油に頼っているのが現状です。その暖房を、木質バイオチップによる熱エネルギーの生産と流通に変えれば、供給が不安定で価格も高い石油輸入からの脱却にもつながることでしょう。

コラム②

オーストリアの原発ゼロ政策

オーストリアには、一度も稼働されることなく廃炉になった「ツベンテンドルフ原子力発電所」というものがあります。膨大な予算を投じて建設された原子力発電所なのですが、完成した直後に実施された国民投票で廃炉が決定したのです。一九七八年のことで、稼働に反対した票の割合が何と五〇・四七パーセントという僅差での決定でした。

ところが、輸入されている電力の中に六パーセントほどの原子力発電によるものが混ざっています。しかしオーストリア政府は、日本の福島第一原子力発電所の事故を受けて、二〇一五年までに、この割合をゼロにすることを決定しました。オーストリアは、消費電力における再生可能エネルギー（グリーンエネルギー）の割合が六五・三パーセントに達しています。そしてそのうち水力発電が五六・五パーセント（二〇一〇年）。それはアルプスによる豊富な水資源を抱えているためです。また、バイオマスエネルギーの割合は六・七パーセント。

ＥＵは、オーストリアに対して二〇二〇年までに、全エネルギー消費量に占めるグリーンエネルギーの割合を三四パーセントにまで引き上げるよう義務づけています。そのためには、バイオマスエネルギーなどの新エネルギーの促進とともに、エネルギーの使用そのものを制限する必要があるといいます。かつては日本でも「消費は美徳」と呼ばれた時代もありましたが、これからは「消費」をいかに抑えていくかが、世界中で課題になっているということです。そうして、エネルギーの自給率を高めていけば、石油に頼らない国が出来上がっていくのではないでしょうか。

コラム③

エネルギー消費を半減させる「二〇〇〇ワット社会」ビジョン

「二〇〇〇ワット社会」ビジョンとは、スイスのチューリヒ工科大学で開発されたビジョン（先見・未来像）です。スイスでは現在、国を挙げてこのビジョンの達成に取り組んでいます。

スイスで暮らす人々の一人当たりのエネルギー消費率は平均約六〇〇〇ワット。単純にいえば、一〇〇ワットの電球を常時六〇個灯しているということになります。もちろんこれには、家庭で使用するエネルギーだけではなく、工場での生産や輸送、消費行動に費やすエネルギーなども含まれています。ところが全世界での一人当たりの平均は二〇〇〇ワット。二〇〇〇ワットとは、スイスでは一九六〇年当時の平均値で、しかもそれは化石燃料によるものでした。ですから「二〇〇〇ワット社会」とは、この世界平均にまでスイスの平均を下げて、なおかつそのエネルギーの七五パーセント以上をグリーンエネルギーでまかなうようにする、というビジョンです。

エネルギーの消費率を減らすとは、生活のレベルを下げることを意味しているのではありません。それは技術革新によって消費エネルギーの少ない商品を生産し、交通や輸送手段を効率化し、生活と社会そのものの変革によって達成しようとするものです。

日本でも省エネ商品は、年々増え続けています。しかし現在、日本の年間エネルギー消費量は、石油に換算すると五二四・六メガトン。一人当たりに換算すると約五八〇〇ワットになります。私たちの国でも、社会全体の改革と生活を直しながら、さらに省エネに取り組んでいく必要があります。「二〇〇〇ワット社会」ビジョンとは、それが可能だということを示してくれているビジョンなのです。

第2章

寒村から高級リゾート地へ脱皮したレッヒ村

「エコロジーは人が育てる」という見本

「地の果て」からの脱出を遂げたレッヒ村

レッヒ村は、オーストリアの西部、チロル州にある小さな村です。アルプスの山々に囲まれたこのレッヒ村は、人口わずか一五〇〇人たらず。しかしそこは、オランダ王室、スウェーデン王室、英国王室など、世界の王侯貴族やVIP、ハリウッドスターなどが訪れる高級リゾート地として名高い村になっています。二〇〇四年には、ヨーロッパで由緒あるコンテストの一つである「アンタント・フローラル」でレッヒ村が金メダルを受賞し、「ヨーロッパでもっとも美しい村」に認定されました。それは、標高一〇〇〇メートル以上の山岳地帯としては初の快挙だったといわれています。

しかもレッヒ村は、オーストリア国家環境保護賞を幾度も受賞してい

オーストリアの、山々に囲まれた一〇〇〇メートル以上の高地にあるレッヒ村。

る、究極のエコロジー地域にもなっているのです。そして、このエコロジーの徹底した実践こそが、村の豊かな自然環境を守り、育み、その結果として高級リゾート地として生まれ変わったのでした。

しかしレッヒ村は、最初からそんな高級リゾート地であったわけではありません。私がこの村を訪問し、一般の方々やホテル関係者、エコロジー産業に関わる方々などからお話を聞いて一番に思ったことは、「エコロジーは決して最新科学や最先端技術に依存して成し遂げられるものではない」ということでした。もちろん、エコロジーの分野での科学や技術の貢献は著しいものがあります。問題なのは、それらの科学や技術にのみ依存して、人々が何もしないでよいということではないということです。エコロジーは、あくまで人が育てるものだということです。

愛するこの故郷で、自分も家族も健康に暮らしていきたい、誰もが幸せを感じるような社会にしていきたい。そう願う心は、万国共通ではないでしょうか。

レッヒ村の人々は、まさにその願いを実現させるために、もっともよい方法としてエコロジーを選択したのでした。もちろん、そのためには何度も話し合いが持たれました。そして、村の人々が一致団結して、一〇〇年先の未来まで考えて実行に移したのです。

目先の利益のみに惑《まど》わされて、守るべきものを失っていった市町村は、日本でも多いでしょう。しかしこのレッヒ村の人々はそうではなく、目先の利益に惑わされない、その価値観が親から子へと受け継がれ、この村に暮らす人々すべてが自ら進んで、誇りを持ってエコロジーを実践しています。一人ひとりの心がけや気持ちが、エコロジーへの取り組みを強固に支え、村を発展させてきた、その素晴らしい見本こそがレッヒ村なのです。

寒村が高級山岳リゾート地に大変貌

レッヒ村は一八八〇年ごろまでは、列車も通っていない、当然のこととして観光客も訪れない、まさに「地の果て」にあって、細々と農業や

レッヒ村を望む風景。美しい自然が最高の観光資源になっています。（レッヒ観光局ホームページより）

牧畜を生業として暮らすことだけがすべてで、若者はみんな都会に出て生きていかざるを得ない、日本でいう「過疎の村」に近いひなびた寒村でした。

一八八五年以降、やっと細い道路が完成しますが、その道も冬になれば雪に埋もれ、雪が解けたころに人々はその道を通じて次々とレッヒ村を去って行く、まさに村としての存続さえ危うくなる悲惨な事態にまでなっていたのでした。

それが今では、六月末から九月末のサマーシーズンには、ハイキングやトレッキング（山歩き）を楽しむ人々が二万人以上も訪れ、一一月末から四月末のハイシーズン（もっとも観光客が集中するシーズン）には、スキーなどさまざまなウインタースポーツを楽しむ観光客が一〇万人以上も訪れる、高級山岳リゾート地へと見事な変貌を遂げたのです。

この村が持っている財産とは、豊かで美しい自然そのものです。本格的な道路が建設されるとスキーの名所として脚光を浴びるようになり、ヨーロッパ各地から人々が訪れるようになり、一九二五年にはスキー学校も完成、観光名所として注目を浴びるようになりました。第二次世界大戦中は、それらの機能も完全に停止してしまいましたが、戦後、レッヒの人々の努力によって、スキーを中心とした観光名所として再び隆盛を見ていくことになります。しかしそのことによって、村はいつの間にか、自動車の排気ガスによる環境破壊を引き起こしていくことになったのです。

美しい緑や花々が少しずつ被害を受けていくようになり、あんなに美しく、美味しかった水もまた少しずつ汚れていき、遠くを望む景色もまたどんよりと曇ったようになっていったのです。一九九〇年代後半になると、それはもっとはっきりと表れてきて、山の上から村を見渡すとスモッグで村がかすんでしまう、という事態にまでなってしまいました。レッヒ村の人々は悩みました。そして決断したのです。

確かにレッヒは、観光地として脚光を浴びるようになってきた。しかしその結果、公害が発生してきた。村の財産は何だったのか。この美しい景観こそが、レッヒを観光地として発展してきた最大の要因であり、

レッヒ村では何よりもハイシーズンと呼ばれる冬の観光が有名です。スキーやスノーボードなど、様々な楽しみが用意されています。（レッヒ観光局ホームページより）

観光客として訪れる人々がレッヒに求めているものも、またこの美しい景観ではなかったのか。そうだ、私たちは、この美しい景観を守ろう！と。

そこで、まずはじめたのが、交通量を減らすために、無料の公共バスを導入することでした。また、空気を汚さないレンタル式の電気自動車や電気バイクを普及させ、排気ガスの排出そのものを抑制させることに力を入れました。

もちろん、観光客に不便を感じさせてしまったら、これらの取り組みも無駄になってしまいます。そこで、村の中に充電ステーションを作り、そこで電気自転車を借りることができるようにし、電気マウンテンバイクによる村内ツアーなどにも取り組んでいきました。楽しみながらエコロジーを実感するこれらの取り組みは、今も続いています。

また後ほどご紹介する、木質バイオマス事業、村全体を通る地下トンネルの完成など、抜本的な改革を行うことで、レッヒは再びその美しい景観、美しい緑と花々、そして空気と水を取り戻していったのです。

ビジターがリピーターになるホテルの取り組み

観光客が最初に接するのが、その土地のホテルです。滞在するホテルの印象は、ビジター（はじめての客）がリピーター（常連客）になる大きな要素の一つといえるでしょう。レッヒ村では、ベッド数の総計が一九六〇年代半ばには一二〇しかなかったものが、二〇〇五年には六七四八にまで増えています。それだけ、この村への観光客数が増加したということの表れでしょう。

では、レッヒ村のホテルではどのような取り組みが行われているのでしょうか。

まず、レッヒ村のどのホテルでも、地元の杉材をふんだんに取り入れた居室づくりが行われています。ベッドなどの家具類から天井板まで、すべてが地元で伐採され加工されたものです。コンクリートの壁面などではなく、木の温かな雰囲気に包まれた部屋は、まさに心地よさを演出する最大のものでしょう。

さらに絨毯《じゅうたん》もまた、地元で育った羊の毛が、地元の業者によって加工されたものです。

レストランで使うチーズ、ミルク、ヨーグルトなどの食材も、地元の酪農場から、通常の倍の価格で購入しているとのこと。価格を優先して考えると、村の外の製品を各ホテルで共同購入するほうが安価になります。しかしすべて村内の製品を使うのは、もちろんそのほうが新鮮だという理由だけではなく、村で暮らす人々みんなの利益を考えてのことなのです。

効率やコスト優先の意識ではなく、地元経済全体の活性化に役立つかどうか。レッヒ村のホテルは、こうして村に暮らすみんなから支持されて、運営されています。

経済的に潤うこととエコロジーは、一見すると結びつかないようにも思えるでしょう。しかし、たんに観光客のことだけを考えるのではなく、村の産業に従事するすべての人々が豊かになることを考える。そうなれば当然、村の税収も増え、それはさらにエコロジーへの投資が可能になるのです。

納めた税金が村のエコロジーをさらに推進する。レッヒ村の人々は、こうして暮らしが豊かになることと、エコロジーが密接に結びついていることを意識して、自分たち一人ひとりがエコロジーの活動に参加しているのだという誇りと、高い意識を持つようになっていきました。そうして村には美しい花々があふれ、道路や自分たちの暮らしの中まで美しくしようという、自然な生活リズムが出来上がっていったのです。

ホテルが村で伐採される木を積極的に取り入れるようになったのは、そうしなければ村の森林が荒れるからです。森林、とりわけ杉林は、人が手を入れて計画的に伐採していかなければ、次第に荒れていきます。荒れた森林は、何よりも景観を台無しにしていくことでしょう。

そうして、それが山の力を弱め、土砂災害を起こしたりする元凶にもなっていることは、日本の人々は十分理解しているはずです。

しかし日本では、安い外材（外国産の木材）が多用されるに及んで山は次々と荒れるにまかされているのも現実です。森林が身近にあり、森林とともに暮らしてきたレッヒ村の人々も、それはよく分かっていました。だからこそ、積極的に村の森林を守る方法として、ホテルが村の木を多用することになったのでした。

ホテルのレストランで供されるメニューについても、同じことがいえます。

私が訪問したのは山頂（オーバーレッヒ地区）にある「ブルクホテル・レッヒ」。出迎えてくださったのは、オーナーのペーター・ブルガーさんでした。

そのホテルでは、地元で採れた新鮮な食材を、一流のシェフが調理してくれるので、美味しさ満載。それはやはり、地元の牧畜業や農業を活性化させ、ほかの場所ではとても味わえない豊かなオリジナリティにあふれ、レッヒ村に滞在することの価値を、さらに高めているのです。

私にとってヨーロッパで食べる料理といえば、ソースがたっぷりとかかった、こってりとした味付けで、ボリュームも満載、という印象でした。ところが、このレッヒ村のホテルのメニューは、モダンなテイスト

ブルクホテル・レッヒのオーナー、ペーター・ブルガーさんと筆者。

で味わいも軽く、素材の良さが見事に活かされていて、女性でも残さずに済むほどの量でセーブされています。

最近では、体重や健康を気にする人々も増えてきて、量よりも質という時代の流れを、きちんとつかんでいるのでしょう。吟味しつくした素材に新しい料理法、お客様の声に出さない要望にも、細かく気を配っていることがうかがえました。

しかも食べ残しを出さない、ということが、そのまま捨てるごみを出さない、ということにもつながり、つまりエコロジーに役立っている、ということも考えているのではないでしょうか。

巨大地下トンネルの建設とバイオマスエネルギーの組み合わせ

各ホテルを結ぶ巨大な地下トンネル

レッヒ村が美しい自然環境を守るために行ったもっとも特徴的な取り組みは、何といっても巨大地下トンネル網の整備でしょう。しかも、村の中心にある教会の下には、地下三階建てで合計六五〇台も駐車できる巨大駐車場があります。

村内の各ホテルなどの廃棄物の処理、そして物品の供給は、これまではトラック輸送が普通でしたし、各ホテルなどを訪れる観光客も、ＶＩＰであればあるほど自動車でホテルの玄関まで乗り付ける、ということも普通でした。

しかしレッヒ村の人々は、その自動車の通行を可能な限り少なくするために、巨大地下トンネルを造る、という選択をしたのです。レッヒ村の山頂付近に広がるオーバーレッヒ地区のホテルを中心に、この地下トンネルは村の約半分のエリアをカバーできるまでに広がっています。トンネルの総延長は一・八キロメートル。内部は電気自動車が通れるほど広く、村の入口で地上の村道につながっています。このトンネルは、ホテルへの物品の輸送、廃棄物の輸送を行うだけでなく、宿泊客の荷物をホテルに運び、さらには後にご紹介するバイオマスで得た熱エネルギーの輸送ルートでもあります。

ですから、このオーバーレッヒ地区にあるホテルへの宿泊客は、荷物は地下トンネルで運んでもらい、地下トンネル工事にあわせて着工した駐車場の上にある駅から電動ゴンドラに乗って、荷物を持たずに美しい景色を堪能しながら、宿泊するホテルへと向かいます。なんと贅沢で優雅な旅でしょうか。

オーバーレッヒ地区以外のエリアでは、地下駐車場に車を停めて、無料の村営バスに乗って各地に向かうこともできます。この村営バスは、停留所以外でも手を挙げれば止まってくれるので、とても助かります。

オーバーレッヒ地区にあるホテルに向かうゴンドラ。宿泊客は、手荷物は地下トンネルを通じて運んでもらい、手ぶらで美しい景色を堪能しながらホテルに向かいます。

もちろん、こうした大胆な取り組みは、村の人々の意見を一つにまとめ上げなければ、決して成功することはありません。また、途中で考え方が変わったりすることもあってはなりません。

村がその壮大な構想に取り掛かったのは一九九五年のことです。まず、各ホテルから出る廃棄物、そして物品の輸送のための地下トンネルシステムを構築。メインルートの建設は同年五月から一一月まで続けられました。また、続いて物品の地下貯蔵室が同年一二月に造られました。

そしてメインルートから各ホテルにアクセスするトンネル工事や、地下駐車場から電気自動車で各ホテルに乗り換えるステーションは、一九九六年秋に完成。さらに、地下トンネルシステム全体は二〇〇七年夏に完成しました。何と構想から完成までに、一二年の歳月をかけて取り組んだのでした。

このプロジェクトは、行政に頼ることなく、ホテルの経営者などの村民が出資しました。そしてトンネル建設が決定して以降、完成までの間、ホテルの宿泊客一人一泊当たり一・五ユーロを追加した宿泊料金を徴収

村の教会の下にある巨大な地下駐車場。三階建てで六五〇台の車を収容できます。

しました。自分たちの村を守り、さらに発展させていくために、村の人々は全員が一致して、それぞれ資金を出して、ついにトンネルシステムを完成させたのです。

景観を守ることが、結果として観光客の増大につながる。その強い意志は、決して揺らぐことはなかったそうです。本気でものごとを実現しようとすれば、さまざまな知恵と工夫が生まれてくるという好例がこのレッヒ村です。

今日、行ったことの結果がすぐ明日に出さなければならない、というような時間に追われる現代人は、つい目先のことばかりを考えがちです。でも自分たちはもちろん、子供や孫たち、一〇〇年後の人々にとって何が有益で、何が大切なのかを考える、しっかりとした価値観を持ち、ゆっくりと、そして確実に実りを得ていこうとするのが、エコロジーの原点であり、これからの日本人に不可欠な要素だと私は思うのです。

レッヒ村の地下駐車場に向かう入口。レッヒ村では、一般の自家用車は、この地下通路によって村の中心部に向かいます。

バイオマスで実現した石油よりも手ごろな暖房システム

さて、この地下トンネルは、バイオマスで生まれた熱エネルギーを運ぶためにも使用されていることは、先ほど述べたとおりです。このトンネルには、電話線などのさまざまなケーブルや、ライフラインに必要なガスなどを運ぶパイプ、そして熱湯が通るパイプも、すべてがまとめられています。

そのパイプには高温に強い鉄が使われ、厚さ約五センチの、断熱効果が高い発泡スチロールでくるまれているので、どのホテルや家庭にも九〇度以上の熱湯が運ばれています。また、その熱湯は酸素をナノテクによって取り除く処置も施されているので、パイプの鉄がさびにくい仕組みにもなっています。

その熱湯を作っているのは、木材を加工したときに出る端材を利用した木質バイオマス、つまり、木のチップを燃やしたエネルギーによって温められているのです。燃やして炭となったものは、レストランなどで出る生ゴミとあわせて村の農家が使用する堆肥となり、有機農法を応援し、村を彩る花々の堆肥としても利用されています。つまり、徹底したリサイクルが行われている、ということです（バイオマスそのものについては、次のブルゲンランド州の章でさらに詳しくお伝えします）。

バイオマスなどの再生可能エネルギーの、コスト面はどうなのでしょうか。

一九九九年に完成した当時の建設コストは一三〇〇万ユーロ（日本円で約一六億円ほど）ということでした。その後二〇一〇年に、需要の拡大とともに七〇〇万ユーロ（約九億円）の追加投資を行い、合計で約二〇〇〇万ユーロ（約二五億円）かかったという計算になります。

建設費の三〇パーセントは、国とチロル州からの補助金が充てられたそうですが、それ以外は村と村の企業や人々が出資しました。そして現在では、基本的に民間企業として運営されています。

地下トンネルを案内してもらっている筆者。このトンネルには荷物の輸送だけでなく、電気ケーブル、電話線、バイオマスで生まれた熱エネルギーなど、様々なライフラインも通っています。

その株主の割合は、二六パーセントがレッヒ村の自治体、二六パーセントが州のエネルギー企業、残りの四八パーセントは建設当時に出資した村の人々です。

では、経営状態はどうなのでしょうか。

最初の数年は赤字だったそうですが、その後、黒字に転換。五年前ほどからは、毎年、株主に利益を還元できるまでになったそうです。

レッヒ村の人々は、この暖房システムができるまでは、灯油で暖房をしなければなりませんでした。しかも、標高一四〇〇メートル以上の高地にあるので灯油代がかさみ、四人家族で年間約三〇〇〇リットルも必要でした。現在のユーロで換算すると、年間約二四〇〇ユーロ（三一万円ほど）もかかってしまいます。

現時点でレッヒ村の住民がバイオマスシステムを利用するために支払っている経費も、同じく約二四〇〇ユーロ。金額だけを比較すれば同じですが、お金を払いながら灯油を燃やして環境を汚すのと、バイオマスシステムによるクリーンなエネルギーを利用するのと、どちらを選ぶのか。それは、考えるまでもなくバイオマスでしょう。

　では、それ以外のメリットも紹介しておきましょう。

　まず、灯油の暖房施設に対する経費、維持費、灯油を保管する設備などの出費がなくなりました。煙突掃除も必要ありません。また、いちいち灯油を買いに行く手間も、バイオマスでは一切必要ありません。自動的に熱湯が送られてきて、使った分だけ、キロワット単位で請求書が届くだけです。また、灯油の価格は、これからは上がることはあっても、下がることはほとんどないでしょう。ですから経費の面で将来のことを考えても、バイオマスによる暖房システムは安心のできるエネルギー供給方法なのです。

　日本もまた、海外から石油や灯油を輸入するだけのエネルギー政策を、根本から見直す必要があるのではないでしょうか。

　オーストリアと同じように、日本は森林資源が豊富な国です。バイオマスは、これからの日本のエネルギーを考える上で大きな力なるはずなのです。

美しい自然と水を守り抜いて

スキーの名所、そして「オーストリアでもっとも花の美しい村」

レッヒ村はもともと、ウインタースポーツ、特にスキーの名所として名高い村です。ヨーロッパアルプスの中でもレッヒ村の山々の斜面と、その斜面に降る上質な雪は、スキーに最適でした。ですからウィーンから車でやってくることのできる幅の広い道路が完成してからは、レッヒ村は一躍、「ウィンタースポーツの観光地」として大きく変わっていくのです。ですから日本の白馬村は、長野県スキー発祥の地として、一九九五年にこのレッヒ村と友好協定を結んでいます。

しかし、二〇〇一年、同じくスキーで有名なオーストリアのサンアントンと共同でヨーロッパ・スキー大会を開催するという話が持ち上がったとき、レッヒ村はそれを断固拒否しました。何と、開催するかどうかを住民投票にかけてみると、八〇パーセントもの村民が反対票を投じたのです。反対の理由はというと、あまりにも多くの観光客がやって来るとその数を収容できるホテルを建てる必要などもあり、景観を汚すだけではなく、何よりも肝心の山が壊れる、とのことでした。レッヒ村の人々は、観光収入の一時的な増加などよりも、村の景観を守ることを第一に選んだのでした。

とはいえレッヒ村は、オリンピックで優勝したスキー選手を、世界で最も多く生み出した村でもあります。キルヒプラッツ教会前の広場には、レッヒ村出身のオリンピック選手、世界選手権で金メダルを獲得した選手の記念碑が建っているほどです。レッヒ村の人々は、何よりも自らのいる故郷を愛し、誇りに思っているのです。

環境保護の政策は、徹底しています。その一つにスキー場への入場制限があります。レッヒ村エリア全体で、一日に発行するスキーパス（リフト券）の数は一万四〇〇〇枚。それ以上は入場できません。もちろんレッヒ村のホテルに宿泊する観光客には、優先的にそのスキーパスが発行されます。

大切なのは「量ではなく質だ」という考え方がここでも発揮されています。数は制限されていても、より高い満足を提供することで、さらにリピーターになる人々が増えること、またリピーターが増えてこそ持続的で安定的な収入が得られることを、彼らは知っているからです。

そしてのべ一〇年間、八日間以上にわたってこの村に滞在した観光客には村から名誉バッジがもらえるとのこと。そして、それはレッヒ村の広報誌でも紹介され、その人数は二〇〇五年の時点で、もう一万五〇〇〇人を突破しているといいます。それはレッヒ村の人々が、どれほどビジターを大切にし、「何度でも来たい村」になってもらえるかどうかを真剣に考えているか、という証でもあります。

さてレッヒ村は、オーストリアでも花が美しい村として知られています。実際、レッヒ村の道路にもホテルにも、あちこちに美しい花々に埋め尽くされています。サマーシーズンでは、山の斜面もまるでお花畑のような雰囲気です。しかしそれは、村の人々の努力によって、そうなっているのでした。

レッヒ村では、たんに美しい景観をつくるためにだけ花の種をまいているのではない、ということです。冬場にはゲレンデに変貌する、山の斜面の土砂の流出をいかに防ぐか。レッヒ村には、種をまく会社があり、その会社はある大学と共同で研究に取り組み、どんな植物が根を張ることで、もっとも土砂の流出を防ぐとともに、美しい景観を作り出せるかを考えたといいます。そして、そのもっとも適合した花の種をまき、サマーシーズンには美しい花畑の景観を作り出すとともに、冬場のスキー場を守る役割を果たしているのです。

川でもそのまま飲めるおいしい水の秘訣

レッヒ村の自慢の一つに、「天然の美味しい水」があります。村に流れる川のどこでも、その美味しい水が飲めるほどです。私も、レッヒ観光局のシュテファン・ヨッフムさんに誘われて、実際に河原に降り、手ですくってその水を飲んだのですが、とても冷たくて美味しいのには驚きました。

その天然水は、もちろんアルプスの雪解け水。しかも森林を通ってきているので、浄化されていると同時に、ミネラル分もいっぱい。ヨーロッパではミネラルウォーターといえば、有料で販売されるのが普通ですが、この村ではその必要はありません。ホテルも当然、その水を利用していますし、村の全家庭が、その美味しい水を享受しているのです。

湧水が生まれる源泉地帯には、厳しく人々の入場が監視され、水を汚すことはできません。またバイオマスエネルギーによって家々から煙突が消えたこと、そして自動車の村内への乗り入れもまた厳しく制限されているので、煤煙やスモッグの被害は皆無。そして下水道の普及率は、見事に一〇〇パーセント。ヨッフムさんによれば「チェルノブイリ原発事故のときは、さすがに汚染されていないか気がかりでしたが、何の心配もいりませんでした。もちろん今でも、定期的に水質を検査していま

レッヒ村を流れる川の水を飲む筆者。ミネラルを豊富に含んだ、本当においしい水でした。

すよ」とのことです。
美しく美味しい水は、こうして村の人々の努力によって保たれ続けているのです。

基本は、将来を見据えた高い個人の意識

レッヒ村の人々は、自然を活かすことによって現在の繁栄を手に入れました。しかし、必要以上に自然に手を入れることは決してありません。それは、観光産業をメインとして暮らしている自分たちが、自然と共存しようとしなければ、その「恵み」もすぐに滅び去っていくものだということを理解し、その考え方を何代にもわたって継承してきたからなのでしょう。

若い世代の方々にも話を聞きましたが、現在の環境を確立してきた先代に対する敬意や尊敬の気持ちを、誰もが共通して持っていると感じました。彼ら若い世代もまた、一〇〇年先、いやもっと先のことまで考え

て行動しようとしています。

村の人々は、経済的な効果を最優先することで失うもののほうがより多くあることを、きちんと理解しています。そして将来のレッヒ村の繁栄につながらない目先だけの利益には、はっきりと「NO」といえる強さを持っているのです。先ほど紹介した、ヨーロッパ・スキー大会の開催に、村民の大多数が反対したことも、その証拠です。

しかもそれは、政治にかかわる人たちだけではなく、ホテルを運営する経営者、シェフはもちろん、すべての住民が、同じように自分自身のこととしてとらえています。

その、個々人が等しく持っている意識の高さが、世界に誇るエコロジー最先端村を作り、支えている大きな要因です。それはまた、たとえ行政に頼まなくても、ほんとうに望むことであれば、自分たちの手で必ず実現していくことができる、それは決して不可能ではない、ということを、世界の人々に示唆しているのではないでしょうか。

コラム④

ヨーロッパの「脱原発」の取り組み

福島の原発事故は、世界各国に大きな衝撃を与え、原子力発電に対する政策を一変させました。

ドイツでは一九九〇年代に一度、「脱原発」を決定していたのですが、現政権が「現状の原発を維持する」という方針に変更していました。それが、福島の事故を受けて、「二〇二二年に原子力発電を全廃する」ことを決定し、大きな方向転換をしました。

オーストリアでは国民投票で「原発ゼロ」を維持していました。イタリアでも国民投票によって原発の稼働がストップしました。しかし前ベルルスコーニ政権が再稼働を試みましたが、再度、国民はその政策に反対し、再稼働には至りませんでした。

スイスでは、福島での事故後、稼動中の原発を二〇一九〜二〇三四年ごろまでに順次、廃炉にしていき、新しい原発は造らないことが国会で決議されています。

またスペインでは、すでに「二〇一一年において、再生可能エネルギー由来の発電量が全体の約三二パーセントを占めた」と発表しています（「日経エレクトロニクス」二〇一二年五月九日号）。

ヨーロッパ以外では、福島の事故直後、オーストラリアのギラード首相が公共テレビで、与党（労働党）は以前から原発に反対してきたことを明言。「労働党の考えは明確だ。我々は原発を不要としている。オーストラリアに原子力産業を作る考えはない」と語っています。

またベネズエラ、インドネシアなども、原発計画の凍結を公式に発表しています。

コラム⑤

ドイツのグリーンエネルギー政策と日本の現状

ドイツでは早くも一九六〇年代後半から、再生可能エネルギー（グリーンエネルギー）推進の取り組みをはじめています。最初は、大気汚染、水質汚濁、森林被害などの改善を求める自然保護運動や反核運動が主体でした。そしてそれは、福島での原発事故以前の日本のように、ごく一部のインテリが携わっている、というのが現状でした。

そして草の根的にはじめたグリーンエネルギーの推進活動が、技術的にも評価されはじめ、少しずつ各地域に広まりはじめていました。

その流れに大きな加速度をつけたのは、一九八六年に起きたチェルノブイリでの原発事故後です。

再生可能エネルギーの推進が産業や雇用を生みはじめると、疲弊した農村の人々が、その流れを支持しはじめ、選挙でグリーンエネルギー政策を推進する政治家に投票することで、政治を変えていったのです。

日本でも原発事故後、エネルギー自給に向けての動きが急速に起こっています。しかし、まだまだエネルギー源の大半を、石油などの輸入に頼っているのが現状です。資源エネルギー庁による『エネルギー白書二〇一〇』の統計によると、二〇〇七年のエネルギー自給率は、わずか一七・六パーセントです。

同時期の中国では九二・八パーセント、イギリスでは八三・四パーセント、フランスでは五一・四パーセント。またアメリカでは七一・二パーセントで、現在では一〇〇パーセント自給の達成を見込めることが分かっています。そうした諸国と比較して、日本の自給率がいかに低いかが分かるでしょう。

第3章
バイオマスエネルギーの最先端を行くブルゲンランド州

貧しさからの脱出をもたらしたバイオマスエネルギー

オーストリアでもっとも貧しい地域だったブルゲンランド州

オーストリアでもっとも東に位置するブルゲンランド州は、奈良県とほぼ同じ面積に、およそ二八万の人々が暮らしています。ところがこの地域には、工業や観光などの大きな産業がなく、かつてはオーストリアの中でももっとも貧しい地域と呼ばれていました。

それは同州と国境を接するハンガリーが、かつて旧社会主義圏（旧ソ連圏）に属していたためで、その軍事的緊張によってブルゲンランド州では産業を発展させることができず、産業の育成を図る投資もなされず、鉄道や高速道路の建設も行われませんでした。つまり、ブルゲンランド州は「捨て置かれた地域」になっていたのでした。

オーストリアの地図。最東にあるブルゲンランド州は、ハンガリーと国境を接していて、かつてはオーストリア一貧しい州といわれていました。

しかも、かつては当たり前のようにあった酪農業も、大規模な酪農業者に押されて次々と撤退を余儀なくされ、牧草地が広がってはいても、そこに家畜がもういなくなっていたのです。

あまりの貧しさのために、州に住んでいた人々の約六割までもがアメリカや南米などに移住していったとさえいわれています。また残った人々も、地元には仕事らしいものはほとんどなく、大半が一六〇キロメートルも離れたウィーンなどで仕事をし、週末だけ故郷で過ごすということも当たり前のようにありました。それまでしても故郷に残りたいと考えたのは、もちろん豊かな自然のあふれるその地域を愛していたからにほかなりません。

ですから、残った人々は、何としてでもわが地域を活性化したいと考え続けてきたのです。しかし、州にある資源といえば、広大に広がる森林、そして家畜のいなくなった荒れた牧草地以外に何もありませんでした。

そんな中、一九八〇年代末からブルゲンランド州ギュッシング市議会は、住民の暮らしの貧しさの大きな原因として、石油エネルギーへの依存があることを突き止めるようになったのでした。

ギュッシング市は、ブルゲンランド州の中でもやや南に位置するギュッシング地域（日本では、県や郡といった行政管轄区に相当）の中心市ですが、四九・三平方キロメートルという面積の中に、わずか三八〇〇人ほどが暮らす、日本でいうなら「村」といったほうがいいような僻地の町です。ギュッシング地域じたいの広さが四八五平方キロメートルと横浜市よりもやや広い面積ですから、その広さのほどが分かるでしょう。

石油エネルギーに依存する体質の問題は、オーストリア全土でも、一九八〇年のイラン・イラク戦争によって石油エネルギーの確保への危機感が起きて以来、ずっと抱え続けてきた問題であり、貧しいブルゲンランド州では、さらに大変な問題でした。

そこでギュッシング地域の中心であるギュッシング市議会は、次のような調査結果をまとめます。

――暖房などの大半が灯油などの石油エネルギーに依存しており、住民が電気、ガス、暖房費などに支払う年間三六〇〇万ユーロもの資金が、輸入などによって外国に流れ出している。だが、もしもそのエネルギーを自分たちの地域で生み出すことが出来れば、住民は支出の多くを止めることができるばかりでなく、新しく興したエネルギー産業によって地域の活性化も図れるはずだ——そう考えたのです。

そして議論を重ねた上で一九九〇年、ついにギュッシング市議会は「脱石油エネルギー宣言」を行ったのでした。

おりしも一九八〇年代後半から旧ソ連ではゴルバチョフ大統領によるペレストロイカなどの改革・開放政策がはじめられ、ハンガリーではオーストリアとの国境にあった鉄条網が撤去されました。一九八九年末にはそのハンガリーが民主主義体制に移行し、さらには一九九一年、おおもとの旧ソ連の社会主義体制が崩壊し、東欧諸国が一挙に民主主義化への道を歩みはじめていたときのことです。ハンガリーが「鉄のカーテン」である鉄条網を撤去して以来、ブルゲンランド州には、もはや投資を控えなければならない理由も消えていたのです。

そんな激動の中、一九九二年にギュッシング市の市長に就任したペーター・バーダシュ氏は、次々と改革の手を打っていきました。まず市長がはじめたのは、市が所有するすべての建物での節電、そして断熱効果の強化からです。

もちろんそれは、〝物語〟のプロローグに過ぎません。節電や断熱効果対策は、広く民間にも広がっていきました。そして次には、新エネルギーを地域から生み出す取り組みが、いよいよ開始されました。

市長も市議会も、新しいエネルギー産業を求めていました。それは、環境保護といった観点からだけではなく、それ以上に地域の活性化を求めていたのです。

そうしてまず手をつけたのは、荒れ果てていた牧草地に菜種を植え、その油から車両用の燃料を作って販売することでした。次には牧草を発酵させてバイオガスを発生させ、そのガスによって発電する取り組みにも着手しました。

再生エネルギー一〇〇パーセントを目指して

そんな地道な取り組みに大きなはずみがついたのは、一九九五年、オーストリアのEU加盟によってです。

ブルゲンライド州のハンス・ニースル州知事は、次のように語ります。

「EUに加盟することで助成金をもらえるようになったのですが、そのお金は革新的な研究や、そのための施設づくりなどにしか使うことができませんでした。そこで私たちはまず、ギュッシング市に再生エネルギーの研究所を作ることにしました」

そのことがギュッシング市をバイオマスエネルギーの先進地域とする、基礎となります。一九九六年、ギュッシング市に「再生可能エネルギーのためのヨーロッパセンター（EEE）」が設立されました。そこではたんに研究で終わるのではなく、研究デモプラントなどによって実際に運用可能か、そこまでが追求されるようになりました。

一〇年前、ブルゲンランド州では、年間に使用されるエネルギーのうち、わずか三パーセントしか再生エネルギーを使用していませんでした。それが二〇一一年の時点では、何と六〇パーセントを風力とバイオマスエネルギーでまかなうようにまでなったのです。それはギュッシング市が牽引してきた政策が、ギュッシング地域全域を、さらにはブルゲンランド州全域までを巻き込んでいった成果でした。ブルゲンランド州は、ギュッシング市の取り組みが実に素晴らしいということにいち早く気づいていたのでした。

そうして州では「二〇一三年には一〇〇パーセント再生エネルギーを使用する」という目標を掲げ、今日ではヨーロッパ全土のモデル地域にまでなったのでした。

つまりブルゲンランド州は、たんに研究に留まるのではなく、その研究の成果を実際に応用して、自然エネルギーの普及を成し遂げつつあるということです。それは「助成金」を見事に活用した好例といっていいでしょう。

さらにニースル州知事は、次のように言葉を続けます。

「私たちの州では、再生エネルギーの普及を目指した結果、環境保護、クリーンエネルギー、再生エネルギーなどに関わる仕事が増えました。おかげで、失業率は一〇年前に比べて半減したのです」

新しいエネルギー事業を創造することで、州では産業全体を発展させました。それは、失業率の増加に悩む各国でも応用できる方法を提案しています。

ニースル州知事は「自然エネルギーがもうすぐ一〇〇パーセントを超えることは間違いないでしょう」と語ったうえで、さらに他地域・他国に対する「売電」も考えているとのことでした。それは、まさに地域活性化のモデル地域といって間違いないでしょう。


これからの時代は、私たちが生きている限り必要とするエネルギー資源の自給化が、地域の発展にとって欠かせないともいえます。石油に依存するエネルギー政策から抜け出し、海外から石油を得るために使用していた資金を、他の産業を生み出す目的に使用し、それが地域文化の発展に寄与していくような、そのような思考方法を、私たちも学ぶ必要があるでしょう。

グリーンエネルギー最先端地への脱皮

ヨーロッパ最先端の「ギュッシングモデル」の誕生

このギュッシング市を中心としたギュッシング地域の取り組みは、今ではグリーンエネルギーの最先端を行く「ギュッシングモデル」として、ヨーロッパで知れ渡るまでになりました。

先ほども書いたとおり、その取り組みが成功したのは、「環境保護」を問題にしたのではなく、石油に代わる新しいエネルギーの創出が、市民の支出を減らし、新しい産業を育てると期待したからでした。つまり、「貧しさ」からの脱却を何よりも市民たちが求めていたからこそ、持続し、発展させてくることができたのです。

一九九〇年代の初めは「環境保護」はまだあまり問題にされてはおらず、暖房費などの石油エネルギーへの支出を減らし、その代わりの新しいエネルギーを我々の手で創出していこう、と提案したほうが、はるかに分かりやすかったのです。

前述のバーダシュ氏は、あるテレビ取材で次のように語っています。

「エネルギーの輸入は数百万ユーロが市から消えるだけで、何の利益もありませんでした。しかし一方では、利用されない木材が何千トンも森で朽ちていくのに、なぜ数千キロメートルも離れたところから、わざわざ石油やガスを運ばなければならないのか、私たちは疑問に思いました。……世界経済が一握りの人たちによって操られているということは、非常に良くないことです。……私たちが、エネルギーという非常に大切な分野で主導権を握ったのは、とても大きな一歩だったのです」

自分たちの生活にどうしても必要な、暖房のための灯油やガソリンなど、そして電気を発電するエネルギーまでも石油に依存せざるを得ず、それが自分たちの生活費を大きく圧迫していること。そして、もしそのエネルギーが、自分たちの身近にある森林や牧草地の草によって作れるならば、生活費を圧迫する主要因を取り除くのみならず、新しい産業が根付くことで産業も活性化する。つまり、二重の意味で生活はよくなる、とリーダーたちは市民に粘り強く訴えていきました。

もちろん最初から豊かな生活が保障されるわけではありませんでしたが、リーダーたちも市民も、じっくりと腰を落ち着けて、その政策の実現に取り組んでいきました。

そして、やがて時代が彼らの活動に追いつき、「エコロジー」という追い風を受けて、ギュッシング市の取り組みは、隣接する地域を巻き込み、さらにブルゲンランド州全体の取り組みの主導者となり、ＥＵ全域にまで波及効果を広げていくことになるのです。

供給が不安定で、しかも高価な石油への依存をやめること。最大の財産である身近な「大自然」からエネルギーを生み出すこと。そして、地域の中で富が循環すること。そうしたしっかりとした考えを、地域の市民全体で共有することから、ギュッシング市の道のりははじまったのでした。

二酸化炭素の発生を抑えるバイオマスエネルギー

ここでは「バイオマスエネルギー」とは何かについて、まず解説しておきましょう。

「バイオマス」とは「バイオ（bio）＝生命・生物」と「マス（mass）＝量・集団」を結びあわせた言葉で、「生物の量」とでも訳せばいいでしょうか。実際には、「生物に由来する資源」という意味で使われることが多いようです。

したがって、「バイオマスエネルギー」とは、生物によって生まれるエネルギーのことを指します。この生物には、樹木と樹木から出る木くずや落ち葉、草（トウモロコシ、サトウキビ、牧草など）、果実の搾《しぼ》りカスなども含み、また、牛糞・ニワトリの糞などの動物によって生み出される排泄物まで含む場合もあります。

バイオマスエネルギーが注目を集めているのは、樹木や草などはその葉から二酸化炭素を吸収しており、それを燃やしてエネルギーに換えて

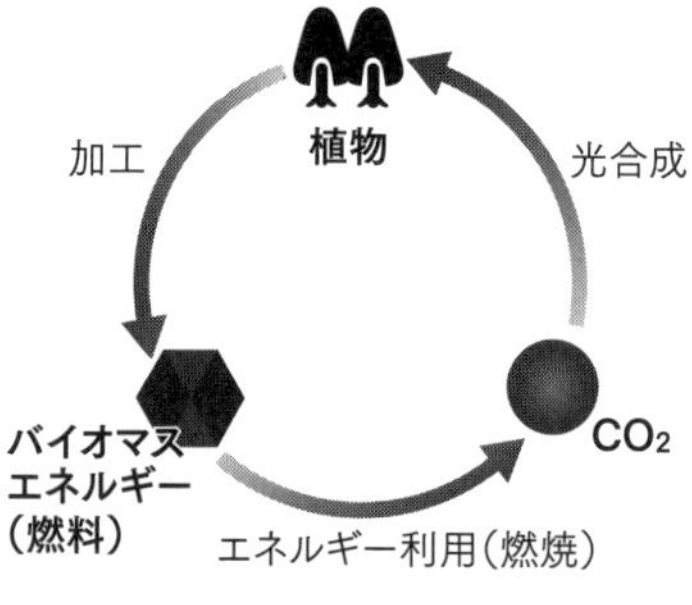

バイオマス・ループ。森から切り出された木などを加工したバイオマス燃料は、二酸化炭素（CO_2）を発生させますが、それはまた森の木々によって吸収されます。したがって基本的には、バイオマス燃料の使用によって大気中の二酸化炭素は増えることはありません。

も、そこから排出される二酸化炭素は、新たに育成した樹木や草の葉から再び吸収されるので、基本的には大気中の二酸化炭素の総量を増やすのを止めることができるからです。

また、石油エネルギーのように、健康に悪影響をおよぼす硫黄酸化物や窒素酸化物を排出することもありません。トウモロコシ由来のバイオエタノールなどバイオエネルギー産出のトップを行くのはブラジルで、二〇〇八年の段階で自国エネルギー消費率の一八・二パーセントにまで達しています。

利用しやすく、どの地域でも生産が可能なバイオマスエネルギーは、こうして「グリーンエネルギー」の代表格になっていったのです。グリーンエネルギーとは、自然環境を利用したエネルギーのことです。ですから、グリーンエネルギーには、バイオマスの他、太陽光・太陽熱、水力、風力、波力、地熱の利用など、たくさんの種類があります。日本では太陽光発電が注目されていますが、他にも「小水力発電」と呼ばれる、大きなダムなどを必要としない発電にも大きな期待が寄せられています。

ギュッシング市は、そんなグリーンエネルギーといった言葉さえない時代に、その取り組みを開始しました。前述のように、ギュッシング市がはじめたのはまず、荒れるに任せていた牧草地に菜種を植えて油を採取してエネルギーにすることであり、次に牧草そのものからバイオマスガス（バイオガス）を発生させて、それを燃やし、電力エネルギーを得ることでした。

そうして次に取り組んだのは、木の加工の後に生まれるおが屑や、間伐材などによって「木質チップ」を製造し、それをエネルギー源として暖房の熱や電力を生み出すことでした。

つまり彼らは、世界のどこよりも早く、エネルギーの自給に取り組み、やがてそれがグリーンエネルギーの先進地として評価されるようになっていくのです。

「再生可能エネルギーのためのヨーロッパセンター（EEE）」の取り組み

一九九六年に誕生した「再生可能エネルギーのためのヨーロッパセンター（EEE）」は、ギュッシングモデルの象徴であるとともに、ヨーロッパ各国・地域の「エネルギー自立」に非常に大きな足跡を残しています。そのEEEの取り組みを紹介しましょう。

EEEでは、再生可能エネルギー（グリーンエネルギー）の研究、開発、そしてデモプラントの設置、最先端の研究成果を多くの人々に紹介する研修活動、さらには地域や企業が再生可能エネルギーを利用するにあたってのコンサルティング業務、さまざまなエコエネルギー施設などを案内するツアー活動まで、幅広い業務を行っています。

さらにEEEは、ヨーロッパ各国の大学や他の研究機関とも連携して、つねにヨーロッパ最先端の研究や技術や集約される機関となったことにより、ギュッシング地域全体がそれら最先端技術モデルを実施する好立

再生可能エネルギーのためのヨーロッパセンター（EEE）。ヨーロッパ中の研究者がここに集い、グリーンエネルギーの最先端技術が開発されています。

地になっていったのです。

設立間もない一九九八年、ウィーン工科大学のヘルマン・ホフバウア教授と連携し、当時大学で開発されていた「木質チップ」のガス化プラントをギュッシングは導入し、バイオマス燃料（ＢＴＬ／Biomass to Liquid）によるエネルギーの創出が開始されます。実際の運用は二〇〇二年からはじまり、合成天然ガスの製造、合成ガソリン・合成軽油の製造にも成功しました。

ＢＴＬとは、まず木質チップなどのバイオマス燃料をガス化し、生まれたガスの中から余分な不純物を取り除いて（ガス洗浄といいます）、純粋な一酸化炭素と水素のみを取り出してガス燃料とする工程を指します。ホフバウア教授の開発したシステムは、このガス洗浄の際にもっとも難しいとされていたタールの一〇〇パーセント除去と、それを燃料として再利用することを成功させたものです。そしてギュッシングでは、二〇〇九年には、合成天然ガスを一時間に一四〇〇立方メートル、ガソリンと軽油はそれぞれ二〇〇〇万リットルを製造する目標を立て、成功に導いたのでした。

ギュッシング市では、行政も市民も、暖房のための費用は大変な支出であったにもかかわらず、一九九〇年代初頭までは灯油にのみ頼っていました。エネルギー自給の取り組みの当初は、バイオマスで供給するエネルギー料金は石油よりも高かったのです。

「しかし、現在では石油の値段が上がり、バイオマスで作られる熱暖房のためのコストが安くなったために、灯油は使用されていません」

そう胸を張って語ってくださったのは、EEEのPRマネージャーであるクリスティアン・ケグロヴィッツ氏です。実際に現在では、一キロカロリーの暖房費は、バイオマスなら〇・七～〇・九ユーロ、灯油だと一・一ユーロにもなってしまいます。誰もがバイオマスを利用するのは、当然のことといえるでしょう。

ケグロヴィッツ氏によれば、バイオマスエネルギーの原料は、第一に森林から伐採した木材と、フローリング産業によって生み出される端材による木質チップ、とのことでした。そして次には、広がる牧草地に自生する牧草と、新たに植えたトウモロコシを使って発酵させたバイオメタンガスとのことです。トウモロコシは食用に栽培するのではありませんから、種を蒔き、成長すれば刈り取るだけの、簡単な栽培方法で可能とのことです。

エネルギー自立からさらに黒字経営自治体へ

バイオメタンガス発電で生み出される電力は住民全戸分以上

実際に、このバイオメタンガスを利用する発電所を案内していただきました。ギュッシング地域には、市内に木質バイオマスから天然ガスを作るプラントが一つ、そして農村部にはバイオマス発酵によるバイオガス発電プラントが三か所あります。

バイオマス発酵によるバイオガス発電プラントでは、まず牧草やトウモロコシを大きな発酵機に入れます。そしてバクテリアを発生させて発酵することで、メタンガスを発生させます。そのメタンガスによって機械を動かして電気を生み出すのです。

もちろん牧草やトウモロコシだけが、メタンガスを発生させるバイオ

筆者が訪れたバイオマス発電施設。ギュッシング市の、ほぼ全世帯の電力をまかなえるほどの生産力を持っています。

マスではありません。果実の搾りカスなどでもいいのです。メタンガス以外には固形の残留物が残りますが、これは肥料として再利用されています。

牧畜業が成り立たず、やむなく故郷を出ていった人々が残してくれた広大な牧草地。それは、かつては荒れるに任せるだけの、地域の悲しさを象徴する風景でした。その牧草地が、今ではギュッシング地域に残された人々に、牧草とトウモロコシの生産という、大きな恵みをもたらしてくれているのです。

この施設を造るのにかかった金額は、およそ二〇〇〇万ユーロ（約二六億円）とのこと。当初は自治体が管理していましたが、現在では有限会社として民間が運営しています。そして銀行や投資家から借り入れた資金を、売上金で返済していっているのです。

同行してくださったケグロヴィッツ氏に、見学した施設だけで、どれぐらいの電力を生み出しているのかを聞きしました。

「この施設では一年間におよそ四〇〇〇メガワットの電力を生み出して

います。ギュッシング市では、年間、一軒の家で平均四メガワットの電力を使用していますから、およそ一〇〇〇戸分に相当しますね」

一家族が三人構成だと仮定すると、人口三八〇〇人のギュッシング市のほぼ全戸の電力を、この一カ所だけでまかなうことができる計算です。ギュッシング地域では他にもこうした施設があり、残った電力のほうが多いのですから、残りは「売電」というかたちで売り上げに計上されて、経営は黒字続きなのです。

エネルギーの自立で「雇用」と「税収」を増やした地域活性化モデル

ギュッシング地域ではこうしてエネルギーの自給に成功し、次に企業誘致に乗り出しました。自治体がエネルギーを創出するのですから、電力価格を安く設定できるので、多くのエネルギーを必要とする企業にとって、それはとても魅力に富んだものでした。生産コストにおけるエネルギー費用の軽減は、どの企業にとっても重要な課題だからです。

まずギュッシング市は、木くずや端材などのゴミを地域暖房のエネルギー源として買い取ることを条件に、木工産業の誘致を目指しました。そうして大手フローリングメーカー二社の工場をはじめとして、五〇社以上の誘致を成功させます。

そうして何とギュッシング地域では、二〇〇九年の段階で、一五〇〇人以上の新規の雇用を生み出し、地域の人々はもう町を出て働きに行く必要がなくなりました。

そればかりではありません。年間九〇〇万ユーロ以上の税収も確保し、ギュッシング地域はもはや貧困に泣く地域ではなくなったのです。

かつてのギュッシング市は、新しいエネルギーの自給を開始して間もない一九九一年には六五万ユーロの収入しかなく、逆に六二〇万ユーロも外国のエネルギーを購入するために支出せざるを得ませんでした。しかしそれが二〇〇五年には、エネルギーを購入するための支出が一切なくなったばかりか、地域内で使用するエネルギー量が増えたにもかかわらず、何と一三六〇万ユーロものエネルギー販売での売り上げを得るまでになりました。

市の税収も一九九〇年には四〇万ユーロだったものが、二〇〇五年には一二〇万ユーロと、三倍にも伸びているのです。その後も税収は増え続けているとのことです。市ではその税収を、雇用が増えて安定した市民にとって、さらに魅力のあるまちづくりを行うために、家屋の塗り替え費用を負担したり、若者のためのスポーツ施設の建設などに回しているとのことです。

過疎化に悩む日本の市町村にも、この事例は大きな希望を与えることになると、私は考えています。

私はギュッシング市で、ウィーンから環境保護活動のために引っ越してきたという、シャーベルさん一家を訪問させていただきました。働き盛りのパパであるペータ・シャーベルさんは、妻と二人のまだ幼い女の子の前で、次のように語ってくれました。

「子供たちも自然を満喫して開放感を感じているし、私は二人の子供の才能も伸びてきたのではないかと思っているほどです。こちらに引っ越してきて、ほんとうに良かったですね。

エコロジーに関わる産業が多いこともあって、この地域の方々はみな、環境保護に強い関心を持っています。そして有機農法などで自分たちが作り上げた野菜や肉を、物々交換して楽しんでいるのですよ。そのシステムはもちろん、野菜や肉の新鮮さと美味しさには、私たちもとても満足しています」

捨てられているバイオマス資源

ギュッシング市は一九九〇年代にはすでに「エネルギーを生み出す資源は、ここにある」ということを知っていました。森林、牧草、そして牧草地に植えたトウモロコシ……。見渡す限りの場所が、すべてエネルギー源だと市民も知るようになっていたのです。

またこの地域では一年間で三〇〇日も晴れる日がある、といいますから、それも大きな資源になります。太陽光は牧草などを育成する大きな力となり、また、太陽光発電も行われています。

森林に関していえばこのギュッシング地域でさえ、現在一年間に使用可能な成長分のうち、利用されているのはまだ三〇パーセントに過ぎません。

市では道路脇や河川敷の雑草など、お金をかけて刈り取りながら捨てられているバイオマス資源はまだまだある、ということです。それらを含めると、バイオマス資源のエネルギーへの転換はさらに広がっていくことでしょう。

バイオマスエネルギーと聞けば、何かとっても新しいエネルギーのように思われることでしょう。しかしそれは、ほんらい自然のものを自然に還《かえ》す、という思想によるものであり、石油などによるエネルギーの生産を行わずに、自然の木や草などによってエネルギーを生み出し、再び自然を復元することで二酸化炭素の排出量を極限まで少なくするエネル

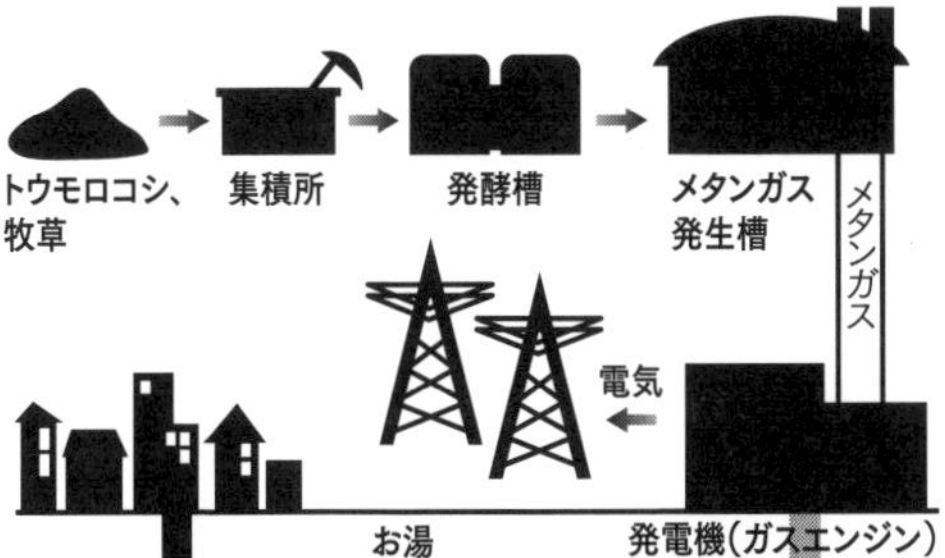

バイオマスエネルギーの生産過程。トウモロコシや牧草が集積所に集められ、発酵槽で発酵させます。そこで出るメタンガスをエネルギーにして発電し、電気やお湯を生み出します。

ギーのことです。

ヨーロッパでも、産業革命以前には石油などはエネルギー生産に使用されていませんでしたし、自然由来のエネルギー以外にありませんでした。つまり、人類は誕生して以来長い間、自然由来のエネルギーを利用し、再びその自然を回復させることで、二酸化炭素や有毒ガスの排出を抑えてきたのです。

しかもその資源は、現代では実に多様です。

廃棄物でいえば、オフィスから出る紙ゴミや新聞紙、段ボールなど。また、家畜糞尿、食品廃材、建設廃材、下水汚泥、生ゴミなどがあげられます。それらの中には、リサイクルして利用できるものも多くあります。

新しくバイオマス原料としてあげられるものには、稲や麦の藁《わら》、もみ殻、ジュースの搾りカス、森林から出る間伐材や倒れた木などがあり、他にも牧草やサトウキビなどの資源作物などもあげられます。つまり原理的には、この生態系のあらゆる動植物はバイオマス原料となりうる、ということなのです。

しかも今、それらはほとんどがゴミとして焼却されるか、地中に埋められるかの運命をたどっています。しかし、私たちが本気になりさえすれば、新しいエネルギーを生み出す原料は、ごく身近に実に多様に存在しているということを忘れてはならないでしょう。

「エコツーリズム」という観光資源

前述したＥＥＥの施設には、年間二万人もの人々が視察や見学に訪れるといいます。それだけでも観光資源に乏しかったギュッシング地域にとっては大きな収入源なのですが、ＥＥＥの提案で、ギュッシング市を中心に、ギュッシング地域の一〇の自治体が合同して「エコエネルギーランド」と名乗り、たんに自然や景色を楽しむ観光から、それをも含み、さらにエコロジーにも関心を持ってもらえるような「エコツーリズム」の取り組みが、どこよりも早く行われてきました。

各地に点在する再生エネルギー施設を観光マップに載せ、そうした施設を見学しながら自然を満喫できる、合計一二五キロメートルのサイクリングルートも整備しました。

「エコツーリズム」とは、エコロジー（生態系）を知るツーリズム（旅行）のことです。もっと分かりやすくいえば、エコツーリズムには、次の三つの流れと考え方があり、それらがうまく融合しているツーリズムこそ、もっとも良いエコツーリズムといえそうです。

（1）自然の素晴らしさを満喫するツーリズム

これは一見当たり前のことのようですが、実は奥が深いのです。

雄大な自然環境や景色を楽しむだけでなく、有機農法で作られたその地域独特の料理を食べたり、お酒（ワインや地酒など）やジュースを楽しむことなどをツアーに組み込みます。

それはまた、地産地消やエコロジー農法の素晴らしさを知ることでもあるのです。

(2) 自然を壊さない・自然を育てるツーリズム

これまでの観光や観光業といえば、大自然の中に人口のリゾート施設やホテル、またゴルフ場などを作ったりして、自然を壊す「観光開発」が優先されてきました。また旅行者も都会での便利さをそのまま観光地に求めていたので、飲料水などの確保、ゴミやし尿の処理などの問題をつねに抱えてきました。

その反省に立って、人数制限や学習活動によって自然環境を壊さず、さらには、逆に植林や種まき、ゴミ拾いなどをもツーリズムに加えはじめてきたのです。

(3) エコロジーを学ぶツーリズム

その地域がいかにエコロジーに貢献しているか、またその方法は何なのかなど、エコロジー施設の見学や体験をツアーに組み込んだものです。

また大自然を壊さないようにするにはどうすればいいのかも体験します。

エコエネルギーランドのマーク。村の入口にこのマークがあれば、その村はエコロジーを実践している村を示しています。

この新しい流れが、エコツーリズムの中心となっています。

ギュッシングの取り組みは、まさにこれらの三つがうまく融合されたツーリズムのお手本を作り上げました。

二〇〇三年からは「エコエネルギーマラソン」も実施されています。これも施設を回りながら、フルマラソンを走る距離に相当することから、大変な人気を呼んでいるそうです。たんなるマラソンではなく、付加価値がついているのですから、マラソンを趣味とする人々にとっては、誰もが参加してみたいと思うことでしょう。

また、「エコエネルギーランド」に参加する各自治体が、共通するシンボルマークを使用して、各地のランドマークやパンフレットに取り入れ、共通性と一体感を演出しています。各村では入口に木製の門を作り、そのマークを掲げて、「ここがエコロジーの村ですよ」と微笑《ほほえ》みかけてくるのです。

自然を満喫しながら、エコロジーの素晴らしさもまた満喫することができる、各地の美味しい果実やブドウ酒まで飲むことができる、美味しい手料理も満喫できる……。エコツーリズムの未来は、まだまだこれから広がり続けています。

コラム⑥

原発依存から脱却するには

日本の産業界をはじめ、日本の電力を原発依存から脱却することに反対する声があります。その主な理由は、原発の稼動が抑制されているために、現在でも電気料金が値上げ傾向にあることがあげられます。確かに製造業などや一般家庭でも、電気料金の値上げは死活問題です。

とはいえ、原発依存から脱却することは、世界の潮流でもあります。では、本当に原発は必要不可欠なものなのでしょうか。原発がなければ、電気料金の値上げは仕方のないことなのでしょうか。

実は、日本で再生可能エネルギー（グリーンエネルギー）があまり普及していないのには「理由」があります。

その大きな理由の一つが「大電力会社主義」。日本では一〇の電力会社が、各地域の電力を独占しています。そして送電も発電も、同じ企業が行っています。ですから、企業や地方自治体などが太陽光発電や風力発電を行っても、今の日本ではそうした大きな電力会社への「売電」以外にあまり方法がありません。なぜなら、電力会社が送電も発電も管理していることで、生み出した電力エネルギーを、自分たちの地域のために使いたいと思っても、送電網を使う料金が高すぎて、採算が取れないからです。

ですから、発電と送電の分離や、電力の自由化が叫ばれるようになってきたのです。

そこで経済産業省は、「電力会社の発電部門と送配電部門を分ける『発送電分離』を二〇一四年以降に進める方針を固め、今のように大手電力会社が発電、送電、電力販売を独占するのでなく、自然エネルギーなどさまざまな発電会社も送電しやすくして、消費者が電力会社を選べるようにする（朝日新聞デジタル／二〇一二年五月三〇日付）」と発表しました。

電力の自由化が行われれば、電力を巡って新しい産業が生まれて活性化し、雇用も生まれてくることでしょう。原子力発電は、いずれ確実に「負の遺産」として廃炉にしていく方向性にあることは確実なのです。

さらに、太陽光発電はコストが高く、夜間の電気はまかなえない、という声もあります。しかし、風力や小水力発電など、他の再生可能エネルギー（グリーンエネルギー）供給源をミックスして、数を増やしていけばいくほど、コストは下がり、電力も安定していきます。

とりわけ谷川などの豊富にある水の高低差を利用した「小水力発電」は、日本ではまだまだ利用されていません。発想をマイナス視点から行うのではなく、もっと積極的にグリーンエネルギーへの道を拓《ひら》いていき、国を挙げてその事業に取り組めば、電力供給の安定化も、電気料金の引き下げも、エネルギーの自給も、必ず実現することができるでしょう。

コラム⑦

スイスの「森の学校」と環境教育

私はかつてスイスの「森の学校」を訪問し、環境教育の大切さを実感したことがあります。スイスもエコロジーへの取り組みが早くから行われていますが、「森の学校」とは小学校での環境教育の一環で、森の中で丸一日かけて子供たちがさまざまなことを学んでいます。

私は、森の学校の先生にこんな質問をしてみました。

Q「日本ではファミコンなどのゲームをする子供が増えて、なかなか自然と接する機会が少ないのですが、森の学校での教育で子供たちはどのように変化したのでしょうか」

A「スイスでも同じで、子供たちが自然に接する機会は減っています。そのためにこのようなプログラムがあるのですが、変化についていえば、子供の自然に対する関心が高まったこと、ものをよく見るようになったこと、動物や周囲の生き物・自然などに対する感性が高まったことなどがあげられます」

Q「森の学校は行政がやっているとお聞きしていますが、何か問題点はありますか」

A「森の学校は文部省の管轄下にあるため、非常に大きな保護を受けて運営されています。大切な教育の一環であり、文化を教えることと同様に、自然を教えるという意味で、管轄下にあることは重要なことだと認識しています」

Q「この教育は、子供たちにとっても、またその親にとっても大切だと思うのですが」

A「まったく、おっしゃる通りです。子供は家に帰って、この森の学校での体験を親に話すでしょう。そうして親は、自分たちが子供のころテレビの前ではなく、自然の中で泥んこになって遊んだことを思い出し、子供たちに話すでしょう。忘れかけていた自然と人間の関係を、親は再び取り戻すことにつながるはずです」

Q「自然や森の楽しさを知るということは、子供が大人になる上で重要な影響を与えるのでしょうね」

A「ええ。森の学校に参加すると、五感が刺激されます。それに、高学年の子供たちにはエコロジー教育もきちんと行います。自然を正しく認識すると、大人になったときにきちんとエコロジーに取り組むようになるでしょう」

Q「どのようなエコロジー教育ですか？」

A「高学年の子供たちには、地球環境というものを、あるモデルを使用して行います。そ

れは、大きなビンの底に土を入れ、植物を植え、虫がそこで生活している、といったものです。それによって動物と自然との共生を説明し、空気や水の循環や、栄養の大切さなども説明します。子供たちはビンの中に、それを実際に見ることができるのです」

チューリヒのゴミ最終処理局では、ぬり絵ができる「ふたりのゴミ作戦」という絵本もあります。何と、日本語のものまであったのですから驚きです。またジグソーパズルもありました。スイスでは、このようにして子供のころからきちんと環境教育がなされています。

その子供への積極的な環境教育が、自然と環境を大切にする社会を育んでいるのです。日本も、その環境教育の大切さを、もっと見ならう必要があるようですね。

第4章

日本のグリーンエネルギー、エコロジーの現在

東北・葛巻町の地元産業とグリーンエネルギーを産み出す挑戦

日本におけるグリーンエネルギーの大きな可能性

これまではオーストリアの取り組みの例を紹介してまいりましたが、日本ではどうなのでしょうか。日本はオーストリアとは面積も人口も異なりますが、森林という手つかずの大きな資源を持っていることは同じです。また、技術力にも優れていることはいうまでもありません。ですから私はグリーンエネルギーについて、日本は大きな可能性を秘めている、と申し上げたいのです。

そもそも日本人は、第二次大戦後の高度成長期までは、里山の落ち葉や、人や家畜の糞尿を田畑の肥料として普通に利用してきましたし、山で作られる炭なども燃料として使用するのが常識でした。焼畑なども、日本列島の多くの地域で行われてきた農法です。

それらは一見、二酸化炭素を排出するだけの文化とみられがちですが、実はまったく逆で、自然のものを自然に還《かえ》し、さらに新しい自然を育みながら、二酸化炭素の吸収を促進する文化でした。いわば自然との循環をうまく利用してきたのが、日本の生活文化だったのです。バイオマスエネルギーとは、実はその延長線上にあるものです。

ですからここでは、実際にグリーンエネルギーを産出することで話題になっている東北の葛巻町《くずまきまち》（岩手県岩手郡）、また、ゴミゼロ宣言をした四国の上勝町《かみかつちょう》（徳島県勝浦郡）の取り組みなどの事例を紹介する中で、実際に、グリーンエネルギーとエコロジーに大きな可能性があることを示してまいりたいと思います。

「グリーンエネルギー」とは、最近になって使われだした言葉です。かつては「クリーンエネルギー」と呼ばれていたのですが、それまで二酸化炭素を排出しないので「クリーンエネルギー」と呼ばれてきた原子力発電が、一度事故を起こせば重大な環境破壊と人体の健康を損なうことが明白になったことを踏まえて、原子力発電と区別する意味あいで、自

岩手県葛巻町。日本でも最先端のグリーンエネルギーの町です。

然の中から得るエネルギーとして使用がはじまったようです。「自然」＝「グリーン」というわけです。

ですから「グリーンエネルギー」には、風力、太陽光、水力（小水力）、波力、地熱、バイオマスなどが含まれています。

北緯四〇度、ミルクとワインとクリーンエネルギーの町

葛巻町は岩手県中部にある人口七七七〇人（平成二一年度）、総面積約四三五平方キロメートルの町です。

葛巻町のキャッチフレーズは、「北緯四〇度、ミルクとワインとクリーンエネルギーの町」です。それは実際にその通りで、従来からある牧畜業、そして山ブドウで作るワイン、豊富な風力、森林資源によるバイオマスと牧畜で生まれる牛糞などを利用したグリーンエネルギー（クリーンエネルギー）による売電によって補助金行政から脱しつつある、日

本でも珍しい町なのです。

二〇一一年（平成二三年度）の町の財政状況を見ますと、一般会計における実質赤字額はゼロ、連結実質赤字比率もゼロ、資金繰りの危険度は、国が定めた「早期健全化基準二五・〇パーセント」を大きく下回る一一・一パーセント、将来財政を圧迫する可能性が高いかどうかを示す比率も一二・六パーセント（早期健全化基準では三五・〇パーセント）となっていて、各種の公営事業でも資金不足ゼロであり、もはや「黒字経営の町」とさえいえるでしょう。

葛巻町のグリーンエネルギーの取り組みについて語る前に、ここではまず、酪農業のさらなる活性化を目指した取り組みから見ていきましょう。なぜなら、この酪農業の振興など地場産業の育成が、グリーンエネルギーへの取り組みに深く関わっているからです。

古くより軍馬の生産地として名高かったこの地域では、一八九二年（明治二五年）にホルスタイン（牛）が導入されて以来、酪農が発展してきました。それは現在でも「東北一の酪農郷」といわれるほどです。地域活性化への取り組みも早く、一九六一年（昭和三六年）に、町の北東部と久慈市にまたがる平庭高原が「県立自然公園」に指定されて以来、酪農の振興はもちろん、自然体験などの観光にも力を入れてきました。平庭高原の景観は美しく雄大で、日本最大規模といわれる三〇万本の白樺林と、レンゲツツジの群生地として知られています。

葛巻町では一九七六年（昭和五一年）に、最も大きな地場産業である酪農業を守り振興するために、社団法人葛巻町畜産開発公社を設立。現在では、総面積一千五二四ヘクタールの広大な「くずまき高原牧場」をもって、町内外の酪農家からメスの子牛を預かって、生後三カ月から、分娩する二カ月前までの約二年間育てる事業、牛乳やチーズなどの乳製品を販売する事業、グリーンツーリズム・エコツーリズム事業、木質バイオガス事業などを行っています。

中でも、幼児とその親を対象とした「森のようちえん」事業は、牧場の中でのさまざまな「自然体験の活動を通じて、子どもが本来持っている感覚や感性を信じ、引き出すことを目的（同ホームページ）」として人気を集めています。経営状態を見ると、総収入が一〇億七六七四万円と、基本的に黒字経営です。従業員も約一〇〇名（パートを含む）を雇用するなど、雇用創出にも一役買っています。また、年間約三〇万人もの人々が体験学習に訪れるとのことで、グリーンツーリズム、エコツーリズムも盛んです。

この息の長い取り組みが、現在の葛巻町を「東北一の酪農郷」にまで発展させたのでした。

山ブドウでワインを作る、柔軟な発想が大当たり

また、葛巻町では一九八七年（昭和六二年）に、山菜の加工と山ブドウでワインを作る工場を完成させました。そして翌年には、町の条例として「葛巻高原食品センター」を設置して利用を促進することが決定され、それが現在では、第三セクターの「葛巻高原食品加工株式会社」として運営されています。とりわけ地元で自生する山ぶどうのワインは、

葛巻町で製造されている、山ブドウを使った「くずまきワイン」。これが地域活性化の先駆けとなりました。国産ワインコンクールで何度も入賞しています。

「くずまきワイン」というブランド名で販売されていて、ポリフェノールも豊富で、その品質は国産ワインコンクールで何度も受賞するまでになっています。

しかも葛巻高原食品加工株式会社は、売上高が三億八〇〇〇万円以上という黒字経営で、町の活性化に大きく貢献しているのです。株主は、葛巻町が四〇〇〇万円（四〇・八パーセント）、葛巻町森林組合が三七五〇万円（三八・三パーセント）、新岩手農業協同組合が二五〇万円（二・六パーセント）、個人株主が一八〇〇万円（一〇七名／一八・四パーセント）という割合（以上、二〇〇七年度）で、配当金も支払っています。

葛巻町は、決してブドウの生産に適してはいません。でも、「山ブドウなら地元の山で自生している。これでワインが作れないか」と考えた、当時の高橋吟太郎町長の発案がきっかけで、山ブドウワインが誕生したのでした。

現在では、地域活性化の取り組みの一つとして、地元の果実などを利用した「果実酒」が各地で生産されていますが、その先鞭《せんべん》をつけたのが葛巻町だったのです。柔軟な発想がいかに大切か、思い知らされますね。

グリーンエネルギーへの取り組みはどのようにはじまったか

そうしてついに葛巻町は、一九九八年（平成一〇年）に「エコ・ワールドくずまき風力発電株式会社」を設立します。

それは「自然と共生する町」を理念に掲げてきた葛巻町にとっては当たり前の考え方でした。牧畜もワイン製造も、地元の自然を活かした取り組みだったし、自然の恩恵によって町を活性化させる取り組みだったからです。

町では、森林が全体の約八六パーセントという大きな面積を占め、林業に従事する世帯の割合も約四〇パーセントもあることから、まず一九八一年（昭和五六年）に、木質ペレットの製造をはじめます。町の年間平均気温は摂氏八度台、七～八月でさえ二〇～二一度という寒い地域なので、暖房は町の人々の生活にとって欠かせないものだったからです。そして一九八八年（昭和六三年）、モデル施設として建てた木造の「森の館ウッディ」に、その木質ペレットを利用したボイラーを導入します。

そして、一九九五年（平成七年）に「自然とともに豊かに生きる町」を宣言し、「自然との共存共栄」を町の基本政策にしました。さらに翌年には、町独自の「自然環境保護条例」を施行。高原地域独特の、強くて冷たい風に悩んでいた町では、逆にその風を利用した風力発電の可能性を検討しはじめ、一九九八年（平成一〇年）には議員団がヨーロッパに視察に出かけ、風力発電の可能性を身近に体験します。

そしてついに一九九九年（平成一一年）、「葛巻町新エネルギービジョン」を策定し、「天のめぐみ（風力や太陽光）」「地のめぐみ（畜産糞尿や森林、水力）」「人のめぐみ（郷土を愛する人々の力）」を活かすという、本格的なグリーンエネルギー創造へと、まっすぐ進みはじめることになります。

風力発電、そして
グリーンエネルギー産出の先進地へ

葛巻町には、もう迷いはありませんでした。歴代町長も町議会も、それまでの町の取り組みの上に、さらに新しい道を切り拓いてきました。それは、何よりも葛巻町の人々の心に、その道が「正しい」と信じられていたからです。グリーンエネルギーへの道は、こうして全町一丸となった取り組みとして発展してきたのです。

風力発電には年間を通じて風が必要であり、プロペラの回る騒音公害から人々を守る必要があります。葛巻町は、幸いにもその両方を満たしてくれる立地条件に恵まれていました。そうしてすぐに「エコ・ワールドくずまき風力発電所」が株式会社形式で立ち上げられ、合計で最大出力一二〇〇キロワットの電力を生む風力発電機（風車）が三基建てられます。

風力発電に関していえば、さらに二〇〇三年（平成一五年）に「グリ

風力発電施設。近隣に人が住んでいないため、騒音公害に悩ませられることはありません。葛巻町では、一般家庭の約一万六〇〇〇軒分もの電力を生み出しています。（葛巻町パンフレットより）

ーンパワーくずまき風力発電所」が稼働をはじめ、ここでは出力一七五〇キロワットの風力発電機が一二基設置され、両発電所の合計で、年間予想発電量五六〇〇キロワット、総出力二万二二〇〇キロワットという大きな発電力を誇るまでになっています。これは一般家庭の約一万六〇〇〇軒分の電力になるといいますから、すごいものです。

ただしこれは、すべて売電に充てられているために、東北電力の問題による停電時には町もまた停電に陥る危険性がありました。つまり、せっかく町で発電しているのに、その肝心の地元には電力が供給できない事態が予想されていたのです。それはこの東日本大震災で、残念ながら現実となってしまいました。

しかし町では、風力発電だけではなく、太陽光発電、バイオマス発電にも取り組んできました。詳しい経過は省きますが、葛巻中学校、くずまき高原牧場や介護施設などの公営施設に太陽光発電設備を設置しています。また東日本大震災後には、二五カ所のコミュニティセンターすべてに非常用電源として太陽光発電設備を設置し、町の太陽光発電の総出力は四七五キロワットに達しています。

畜糞バイオガス・木質バイオマスへの取り組み

さらに、くずまき高原牧場では二〇〇三年（平成一五年）から、「畜糞バイオガスプラント」を稼働。日量四〇〇トン以上も出るという家畜の排泄物を、メタンガスの発生を抑えながらエネルギーに変えています。電力としては三七キロワット、熱エネルギーとしては四万三〇〇〇キロカロリーのエネルギーを生産していますが、これでもまだ一日に畜糞一三トン（乳牛二〇〇頭分）、生ゴミ一トン分の処理しかできていません。つまり、潜在的なエネルギー源はまだまだ無限にあるというわけです。

葛巻町の取り組みは、止まりません。

二〇〇五年（平成一七年）には、木質バイオガス発電設備を設置。これまでは、町として年間八五〇〇平方メートルもの間伐材が発生しているのに、その利用率がまだ二〇パーセント強しかなく、その大半が森林に放置されたままでした。木質バイオガス発電は、そうした現状を踏まえて、間伐材を原料とするバイオガスを発生させ、さらにそれを燃やすことで熱と電力を生み出す仕組みです。

その設備による温水の回収量は二六六キロワット。実際に使用されているのは一四〇キロワットなので、余っている状態です。また発電出力は一二〇キロワット。これも実際の使用量は五キロワットなので、外部利用がまだまだ可能とのこと。

また民間企業の葛巻林業株式会社では、添加物ゼロの木質ペレットの製造に乗り出し、年間一六〇〇トンもの生産を行っています。また官民が協力して、ペレットストーブやバイオマスボイラーの普及にも乗り出しています。葛巻林業によれば、木質チップを利用したバイオマスボイラーの場合では、重油を使用した場合に比べて、七〇パーセントも経費が削減できるとのことです。

木質ペレットやチップを利用した発熱や発電は、間伐材などを利用することで、森林の健全化に貢献し、さらに森林を育てる元になることで、二酸化炭素の排出を抑える循環型エネルギーの代表になっています。

二〇〇三年（平成一五年）に「省エネルギービジョン」を策定し、二〇〇七年（平成一九年）には「バイオマスタウン構想」を発表した葛巻町は、現在、エネルギーの一〇〇パーセント自給を目指して取り組みを開始しています。

町内の電力使用量は、三〇〇〇万キロワット／時。新エネルギーでの発電量は約五六〇〇万キロワット／時ですから、現在でも一八五パーセントの電力を生み出していることになります。しかし、グリーンエネルギー発電の主力の風力発電が、すべて売電に回されているために現実的にはまだエネルギーの地産地消に至ってはいません。

そこで町では、地域内でどれほどのエネルギーが利用できるかを調べたものが次ページの表です（「くずまき　クリーンエネルギーへの取り組み」を参考に作成）。

エネルギー種別	利用可能量	備考（電気使用量換算）
太陽光発電	7,088,012 kWh	1,648世帯分に相当
太陽熱利用	32,929,284 kWh	7,658世帯分に相当
木質バイオマス 電力利用	2,118,000 kWh	493世帯分に相当
木質バイオマス 熱利用	30,496×103 MJ/年	1,970世帯分に相当
畜糞バイオマス 電力利用	2,266,000 kWh	527世帯分に相当
畜糞バイオマス 熱利用	32,637×103 MJ/年	2,108世帯分に相当
風力発電	2,371,143 kWh	868,605世帯分に相当
中小水力発電	5,650,000 kWh	1,314世帯分に相当
地中熱エネルギー	1,988.77 GJ	128世帯分に相当

葛巻町の世帯数は、平成二一年度住民基本台帳によれば、二八九一世帯。ですから、こうして見るとエネルギーの地産地消は、十二分に可能だということです。

「くずまきの自然・環境は未来の子どもたちの贈りもの」——これが現在の葛巻町の、基本的な考え方です。一貫してぶれることのなかった自然との共存共栄という考え方は、こうしてさらに新しい理念にまで昇華され、町はこれからもなお、日本のグリーンエネルギー創造のパイオニアとしての地位を誇り続けることでしょう。

はじまりつつある「ゼロ・ウェイスト（ゴミ・ゼロ）宣言」

イギリスの経済学者が提唱した「ゼロ・ウェイスト」の考え方

「ゼロ・ウェイスト宣言」という言葉を、聞きなれない方も多いでしょう。しかし、「ゴミをゼロにする」というこの宣言は、世界の各都市では一大潮流になりつつあるのです。

提唱者は、イギリスの経済学者ロビン・マレー博士でした。二〇世紀後半に彼は『Ｚｅｒｏ Ｗａｓｔｅ（ゼロ・ウェイスト）』という本を出版し、深刻な都市問題となってきたゴミをゼロにできる、と提唱し、大きな話題になりました。

その「ゼロ・ウェイスト」では、次の三点を主要目標として掲げています。

（1）有害物質の排出をゼロにする
（2）大気汚染をゼロにする
（3）資源の無駄使いをゼロにする

そして、Local《ローカル》（地域の中で）、Low cost《ローコスト》（低コスト）、Low impact《ローインパクト》（環境への負荷を低くする）、Low technology《ローテクノロジー》（最新技術に頼らない）の「4L」を重視しながら、ゴミ・ゼロの道を探ることを提案しました。

つまり、その地域（自治体）のゴミをその地域内で、低コストで、環境を汚すことなく、最新の技術に頼らずに処理すること、です。最新の技術には素晴らしいものはありますが、つねにそれを採用していてはあまりにも設備投資がかかりすぎ、小さな自治体や地域では最初から「不可能」の烙印《らくいん》を押されてしまいます。ですから、どんなところでも可能な方法として、あえて「最新技術に頼らない」と主張したのです。

さて、リサイクルには、「アップサイクル」「リサイクル」「ダウンサイクル」の三つがあります。

「アップサイクル」とは、生ゴミを堆肥にしたり、古い衣類から新しい

ロビン・マレー博士が著した『ＺｅｒｏＷａｓｔｅ』。ゴミゼロを打ち出したこの本は大きな話題を呼び、その流れが全世界に広まりつつあります。

カバンを作ったりする、より価値の高いものへとリサイクルすることです。「リサイクル」とは、アルミ缶からアルミを得たりする同価値のリサイクル。そして「ダウンサイクル」とは、廃棄物からそれよりも利用価値の低いものを生み出す（例えばプラスチックを溶かして品質の低いイスを作るなど）ことを指します。

一般的にリサイクルといっても、ダウンサイクルはコストがかかるだけで、すぐにまた廃棄物になったりするので、あまり勧められないのですが、現状ではこのダウンサイクルが最も多いのも事実です。「ゼロ・ウェイスト」は、この三つのリサイクルの中からダウンサイクルを排除したものです。

当時、大量に発生するゴミの処理は大きな都市問題であり、予算のある大きな都市ではゴミ焼却場を建設することはできても、小さな自治体では合同で建設場所を探さざるを得ず、それを引き受ける自治体は、地元住民の強い反対にもあってなかなか現れないという事態になっていました。

ダイオキシンの発生を抑える最新の焼却機は、それが最新技術を用いていればいるほど値段も高く、維持費用の捻出もまた問題でした。それに、焼却によって発生したゴミのカスをどうするのかも大きな問題でした。大型ゴミは、まだリサイクルもそんなに行われていなくて、処分場や埋立地などの建設もまた問題になっていました。

つまり、ゴミ問題に関していえば、二〇世紀後半の世界の各都市は、八方塞がりの状態から抜け出せなくなっていたのです。マレー博士は、その問題にまっすぐに斬り込んだのでした。

世界各地に広まった「ゼロ・ウェイスト」の流れ

マレー博士の「ゼロ・ウェイスト」の提唱に対して、真っ先に応えたのはオーストラリアの首都キャンベラです。一九九六年のことでした。

キャンベラは人口三三万人程度の都市ですが、一国の首都が「ゼロ・ウェイスト宣言」を出したのですから、世界の都市・行政関係者は一挙に注目をはじめました。その注目の中で、キャンベラは二〇〇三年にはゴミの最終処分量を六九パーセント削減し、二つあったゴミ焼却場の一つを廃止するまでになったのです。

そうしたキャンベラの取り組みを知った世界の各都市は、次々と「ゼロ・ウェイスト宣言」を発表しはじめます。

アメリカのサンフランシスコは、二〇〇一年にゴミの最終処分量を五〇パーセント削減、二〇一〇年までにゴミのリサイクル率を七五パーセントにするという目標を見事にクリアしました。さらに、ニュージーランドでは国の七〇パーセントもの自治体が「ゼロ・ウェイスト宣言」を出して、ニュージーランド内に四〇〇カ所もあったゴミの埋立地を、二〇一〇年には四〇カ所にまで減らすという実績を積んでいます。

こうしてオーストラリア、アメリカ、カナダ、イギリス、インド、フィリピンなどの各都市に「ゼロ・ウェイスト宣言」は広がっていきました。

日本では、二〇〇三年に徳島県の上勝町が真っ先に手を挙げ、続いて福岡県大木町、神奈川県葉山町、熊本県水俣市などが後に続いています。

こうして「ゼロ・ウェイスト宣言」は、日本でも自治体の新しい取り組みとして注目を集めはじめているのです。

四国・上勝町の「ゴミ・ゼロ（ゼロ・ウェイスト）宣言」

グリーンエネルギーの創造やエコロジーへの取り組みは今、日本において地域活性化と密接に結び付いて考えられるまでになっています。

ここでは、四国の徳島県上勝町が決断した「ゴミ・ゼロ（ゼロ・ウェイスト）宣言」と、その活動について見てまいります。

上勝町は四国東部、徳島県の内陸部にあり、東西一九キロメートル、南北一二キロメートル、面積一〇九・七平方キロメートル、人口一九一一人（平成二三年三月末現在）の小さな町です。

しかし、そうした小さな町だからこそ、大きな決断ができたのです。

上勝町の笠松和市町長は「ゴミ・ゼロ宣言」を踏まえたうえで、次の

徳島県上勝町。四国の徳島県内陸部にある小さな町ですが、この町が日本の「ゼロ・ウェイスト」活動の先駆者となりました。

ように力強く語っています。

「二〇三〇年までに『持続可能な地域社会』づくりの基盤を築くため、これまでの経済社会＝国民総生産（GDP）から幸福社会＝国民総幸福量（GNH）へ発想を転換し、日本で最も美しい村（集落）を目指しています。『地域資源』を最大限利活用し『職場』をつくり、『住宅を整備』し地域に住むという『地・職・住』を推進し、地道に『緑の分権改革』自給力と創富力を高めてまいります」

つまり、地域内から出るゴミをゼロにする、あるいはそのすべてをリサイクルしたり、エネルギーとして再利用する、この「ゴミ・ゼロ宣言」は、たんなるエコロジーが目的なのではなく、町に暮らす人々が幸福を実感し、自然を大切にして美しい景観を創造し、地域の資源を最大限に利用した豊かな生活環境を創ることを目的としている、ということです。

「ゴミ・ゼロ宣言」が出されたのは二〇〇三年（平成一五年）九月一九日のことでした。その宣言ではまず、「未来の子どもたちにきれいな空気やおいしい水、豊かな大地を継承するため、二〇二〇年までに上勝町のごみをゼロにすることを決意し、上勝町ごみゼロ（ゼロ・ウェイスト）を宣言します」と明確に期限を設定して、その覚悟が記されています。

そして次の三点を挙げています。

（1）地球を汚さない人づくりに努めます。

（2）ごみの再利用・再資源化を進め、二〇二〇年までに焼却・埋め立て処分をなくす最善の努力をします。

（3）地球環境をよくするため世界中に多くの仲間をつくります！

上勝町が「ゼロ・ウェイスト宣言」を出した背景

上勝町が、このような宣言を発表したのはなぜでしょうか。それにはさまざまな背景がありました。

一九七〇年代までの上勝町は、ゴミ処理に関していえば他の自治体より遅れをとっていたといいます。ゴミは、各自の家庭で燃やすか、埋めるかという方法がとられ、自治体としてはほとんど取り組んでこなかったようです。また、河川への不法投棄も行われていたようです。

ところが町の中にダムができてから、河川へのゴミの投棄は徹底して取り締まるようになり、その代わりに、ゴミは「日比谷ステーション」という場所に各自が持ち込むことが原則となって、そこで露天焼却（野焼き）するようになっていきます。そして燃え残ったゴミのカスは、その日比谷という地域に埋めるようにしていったのです。

しかし、それにも限界がありました。何よりも露天焼却には、有害なガスが発生していることが判明しはじめていましたし、埋めるのにも限度があったからです。

町として、真剣にゴミ問題に直面するときが来たのです。そこで上勝町議会は一九九三年（平成五年）に「リサイクルタウン計画」を策定します。そしてゴミを二二種類に分類して、町の全戸・全事業所にアンケートを実施するなどして、実際にゴミのリサイクルが可能かどうかを探っていったのでした。そして堆肥にするコンポストを推進したり、補助金をつけて各戸に「生ゴミの電動処理機」の普及を行ったりと、ゴミの焼却量を大幅に下げていったのでした。

そんなとき、二〇〇〇年（平成一二年）に県の指導のもと、小松島市と上勝町を含むその近隣の五町村で、日量一〇〇トン以上のゴミを焼却するゴミ焼却場を建設するという計画が浮上してきました。そして同年の七月には、上勝町内に一応、用地は確保するまでになったのですが、多額の建設費と管理費をどう捻出するのか、という問題に突き当たり、建設計画は見送られることになったのでした。しかも政府が同年に「循環型社会形成推進基本法」という法律を制定しているのに、その精神と矛盾するではないか、という声が沸き起こってきたのです。それにもし本当にその基本法通りに計画が進めば、大型のゴミ焼却場は必要なくなり、たんなるハコになってしまいかねません。

「循環型社会形成推進基本法」とは、国内の廃棄物は膨大であるにもかかわらず、その最終処分場の確保が年々難しくなってきており、不法投棄も社会問題になっていたことを踏まえて制定されたものです。

その第二条では「循環型社会」を次のように定義しています。
「製品等が廃棄物等となることが抑制され、並びに製品等が循環資源となった場合においてはこれについて適正に循環的な利用が行われることが促進され、及び循環的な利用が行われない循環資源については適正な処分が確保され、もって天然資源の消費を抑制し、環境への負荷ができる限り低減される社会をいう」

要するに、廃棄物をできるだけ少なくするだけではなく、廃棄物を可能な限り再利用するシステムを作り、廃棄物が再び資源にすることで、環境を守ることを求める基本法です。この基本法のもとに、「廃棄物の処理及び清掃に関する法律（廃棄物処理法）」などが制定され、具体化されてきました。

ですから、今から大型のゴミ焼却場などを建設することは、その基本法の精神に合致しないばかりか、不経済この上ない、しかも故郷の豊かな自然環境を守ることにはまったくつながらない、と上勝町は判断したのです。

では、どうするのか？　ここからが大きな問題でした。実際に出るゴミには、どうしても対処しなければなりません。

そこで上勝町は、世界に目を転じることにしました。すると、オーストラリアのキャンベラやカナダのトロント、アメリカのサンフランシスコなどの大都市でも、さらにはニュージーランドでは七〇パーセントもの自治体が「ゼロ・ウェイスト宣言（ゴミ・ゼロ宣言）」を掲げていることを知ったのでした。

「なるほど、決断すればできるのだ！」と、上勝町の町長と議会を含む人々が勇気を出したのは言うまでもありません。そして、それ以外の道は、もはやないのでした。

同町の「ゴミ・ゼロ宣言」には、次のように書かれています。

「上勝町は、焼却処理を中心とした政策では次代に対応した循環型社会の形成は不可能であると考え、先人が築き上げてきた郷土『上勝町』を二一世紀に生きる子孫に引き継ぎ、環境的、財政的なつけを残さない未来への選択をまさに今、決断すべきであると確信いたします」

「ゴミ・ウェイスト」はまさに、人口二〇〇〇人弱という小さな町でも取り組める事業だったのです。

「生ゴミは堆肥化がベスト」という考え

先ほど、上勝町が各家庭に生ゴミのコンポストや電動処理機を各家庭に普及させた、とご紹介しましたが、その背景には「お金」の問題が大きく絡んでいます。

ゴミが「汚い」と見られるのは、この生ゴミが大きな原因です。各家庭から出る生ゴミの量は、ゴミ全体の約三分の一。これが他のゴミに混ざるから「汚い」というイメージが生まれるのです。ですから、生ゴミを各家庭で処理して堆肥化すれば、町で集める細かく分類されたゴミは汚いものではなく、再資源化が比較的容易なのです。

町の中にゴミ焼却場を建設する計画が白紙に戻された後、今度は徳島県の海岸部にゴミ焼却場を建設するという計画が持ち上がりました。その総事業費は何と一三九億円、完成後の管理運営費は、県と関係市町村が処分量に応じて負担することに決まりました。

上勝町の負担費を計算すると年間約二億円も必要だ、ということになりました。何よりもこの負担額を減らすことが最大の問題だったのです。町では、「だったら、まず生ゴミを各家庭や事業所で堆肥化してもらうようにしよう。そしてそれ以外のゴミはできるだけ分別して集め業者に引き取ってもらおう。そのほうが断然、経費が減る」となったのです。

町の職員は全国をシラミつぶしに調べ、やっと生ゴミの焼却機を製造している会社を見つけました。そして値段を交渉して、直接工場から送ってもらうようにして、一台二三万円を六万円にまで値引きしてもらうことに成功しました。

当時、町が必要とする生ゴミの焼却費には年間七〇〇〇万円も必要(大半がゴミを燃やす重油代です)と算出されていました。ところが、町全体で約八〇〇戸の家庭にこの生ゴミ処理機を導入しても、四八〇〇万円しかかかりません。そこで各家庭に一万円でこの生ゴミ処理機を購入してもらい、後は町が経費を受け持つことにしたのです。

「ゼロ・ウェイスト宣言」以降の上勝町

ここでは、具体的に、上勝町がどのような取り組みをして、どのような成果を上げているかを見ていきましょう。

上勝町の世帯数は約八〇〇戸。これは、町の誰にも周知することが可能な世帯数だといえます。だからこそ、町の全員が取り組み、大きな力になったのでした。

すでに「リサイクルタウン計画」を策定して、一九九七年には「透明・茶色・その他の色のびん」「アルミ缶」「スチール缶」「スプレー缶」「牛乳パック（飲料用紙パック）」「その他のガラス」「金属性キャップ」「乾電池」「蛍光灯」「ダンボール」「古新聞、チラシ」「古雑誌、封筒」「古布」などと細かく分けて日比谷ステーションに持ち込むことが決められて、リサイクル量は一六六トン、各家庭で堆肥などに処理されている生ゴミを除いても五五パーセントのリサイクル率を達成していました。

そのころ日比谷ステーションには、二基の小型ゴミ焼却機が設置されていて、燃やすことのできるゴミはまだ燃やしていたそうです。ところが一九九六年（平成八年）、「ダイオキシン類対策特別措置法」が施行されて、その小型ゴミ焼却機が使用できなくなってしまったのです。そんなときに前述の大規模ゴミ焼却施設を建設するという話が持ち上がって、経費面からも運営面からも上勝町では、とうてい無理だということになりました。だからこそ、リサイクルへの実績を積んできた上勝町の自治体と人々は、「ゼロ・ウェイスト宣言」を決断したのです。

徹底したリサイクルを行うためには、ゴミを細かく分別して集める必要があります。上勝町では、それを三四品目にまで細分化しました。

各コンテナに入れるものとしては、アルミ缶、スチール缶、スプレー缶、金属製のキャップ、透明なビン、茶色のビン、その他のビン、もともとリサイクル用にできているビン、その他のガラス類・陶器・貝殻、

上勝町の日比谷ゴミステーション。町の人々は自分でここまでゴミを運び、分別します。動けない高齢者の方のためには、シルバー人材センターが、その家庭を訪問してゴミを集めます。

乾電池類、蛍光管の壊れたもの、蛍光管そのままのもの、カガミ・体温計、電球、白い発泡トレイがあります。

また指定袋に入れて持ち込むものには、古い布・毛布、紙パック、ダンボール、新聞紙・チラシ、雑誌・コピー用紙、ペットボトル、ペットボトルの蓋、紙オシメ・ナプキン、プラスチク製容器などがあります。

生ゴミは各家庭や事業所で堆肥などに再資源化すること、農業用ビニールや農薬のビンなどは農協が回収することなども決められました。

しかし、いくら小さな町とはいえ、およそ二人に一人は高齢者という人々に、それを徹底することは至難の業《わざ》だったといいます。住民には不安を訴える声も、反対する声も上がりました。なにせ、各家庭や事業所が、それぞれにゴミを専用の袋に詰めて日比谷ステーションに持ってきたり、そこでコンテナに入れたりしなければならないのです。それは高齢者でなくても大変な作業でしょう。

ですから町の住民課の担当者などが、各自治会などを回り、きちんと説明をし、皆が納得するまで、それを繰り返したそうです。そして日比谷ステーションには、年末年始を除いていつも数人の専門知識を持った従業員をシフト制で常駐させて、処理に当たるようにしました。また二〇〇四年からは、シルバー人材センターが、各家庭を回ってゴミを回収する有料のサービスもはじめています。

日本初の「ゼロ・ウェイスト宣言」から一年後、町はどう変わったのでしょうか。

それはまず、視察者の増加でした。一年間で一千人以上もの人々が日比谷ステーションへ視察に訪れたということです。また新聞やテレビなども何度も取材に訪れ、上勝町は一挙に「ゴミ・ゼロを目指す町」としてのイメージが定着していったそうです。

上勝町には、「日本の棚田百選」にも入っている美しい棚田が広がっています。また、清流や森など美しい自然がそのまま残ってもいます。また美しい落ち葉を集めて、首都圏などの高級料亭に販売する「彩（いろどり）」というブランドもちょっと知名度を高めていました。

でも「ゼロ・ウェイスト宣言」は、それまで、そうした美しい自然にもあまり目を向けていなかった、日本各地の人々がいっせいに上勝町に注目をはじめたのでした。

町の広報担当者によれば、「『上勝町のように、住民が前向きにごみを減らそう、美しい棚田や清流のような自然環境も保全していこうとしている町で生産された彩やしいたけ等の農産物は、安全でおいしいに違いない』『また、上勝町に行って来たけれど道沿いにはほとんどごみがなく、途中で立ち寄った商店でも、再利用の菓子箱等を利用してできるだけレジ袋を使わなくて良い工夫がされていた』等々、多くのメールやお手紙もいただいています」とのことです。

では実際に、ゴミはどれだけ減ったのでしょうか。

町が発表しているグラフを見ますと、二〇〇一年（平成一三年）に小型ゴミ焼却機を完全停止して、日比谷ステーションへのゴミの分別持ち込みを決めて以来、ゴミの量は大きく減っています。でも「宣言」から一年間では、それほど目立った変化はありませんでした。

けれども一番変わったのは、上勝町に暮らしている人々の意識でした。二〇〇二年（平成一四年）には、上勝町の社会福祉協議会に、数人の「環境指導員」が「GO美レンジャー」を名乗って、町の各地を回って不法投棄などを監視する活動もはじまりました。さらに二〇〇五年（平成一七年）には、「ゼロ・ウェイスト宣言」の精神や取り組みを広く紹介したり、研究するNPO法人「ゼロ・ウェイストアカデミー」が設立されました。不要になったこいのぼりなどの布をリメイクしてバッグを作るなどする「くるくる工房」も話題になっています。これは地元の六〇代〜七〇代の婦人が中心になって、活気にあふれているそうです。また二〇〇六年（平成一八年）からは近隣の学生たちなども協力して、再利用できるものを販売する「かわいい雑貨屋」も開店しました。

また、「利再来留（リサイクル）かみかつ」というボランティア団体が町の人々によって結成され、日比谷ステーションまでゴミを捨てに来ることがなかなかできない高齢者宅などを回ってゴミを集める運動も広がっていきました。

そうした地道な取り組みの結果、現在では生ゴミを除くゴミの八五パーセントまでが業者を経てリサイクルされるに至っています。

日本各地に広がる「ゼロ・ウェイスト宣言」

上勝町のこうした取り組みは、各地の地方自治体に大きな影響を与えました。後に続いたのは、まず福岡県の大木町です。

二〇〇八年（平成二〇年）、大木町は「もったいない宣言（ゼロ・ウェイスト宣言）」を発表しました。大木町は、福岡県南西部にある面積一八・五平方キロメートル、人口一万四〇〇〇人ほどの町です。

大木町では二〇〇五年（平成一七年）に、すでに全国初の「バイオマスタウン事業」に取り組んでいました。これは家庭などから出る生ゴミ・し尿、水道の浄化槽で発生する泥などからバイオガスと液体肥料を作る事業で、国の助成金が使われています。その中心は「おおき循環センター・くるるん」。

「くるるん」は、この町の大半を占める農業を行う人々に対し、この液体肥料を従来の費用代の約一〇分の一で提供し、田畑への散布作業も請け負っています。ですから町の人々は、すでにエコロジーの恩恵を受けていたわけです。大木町としてこの宣言を採択し、約二〇品目の分別ゴミ回収を行うことを決定しました。そのことには、町の中で反対する人がほとんどいなかったといいます。そして「宣言」から二年後には町から出るゴミの総量を半減させることに成功しました。

続いて手を挙げたのは、神奈川県の三浦半島西部にある葉山町でした。二〇〇八年（平成二〇年）、葉山町は横須賀市など近隣二市と合同で行う予定だったゴミ焼却場建設計画から離脱を表明します。

事業計画では、横須賀市に大型ゴミ焼却場を建設し、葉山町に不燃ゴミなどの選別施設を作るとのことでした。でも、もし大型ゴミ焼却場を建設すると、それを維持するために逆にゴミを送り続けなければなりません。また維持費も負担しなければなりません。しかも葉山町内に建設

おおき循環センター・くるるん。家庭から出る生ゴミ、し尿、水道の浄化槽で発生する泥などからバイオガスと液体肥料を生み出します。

するという選別施設の場所も決まっておらず、もし決まれば、そこには不燃ゴミを積んだ大型の一〇トントラックが、多い日には一日に五〇台も保育園や学校の近く、住宅地の中を往復するという事態が予想されたのでした。

しかも、それは政府の掲げる「二〇一五年度には燃やすゴミの二〇パーセント減量を義務化する」という政策にも、地球温暖化防止という世界の流れにも逆行することは明白です。

葉山町は、それよりもゴミ自体を減らすことに挑戦しようと決めたのでした。そこでゴミ焼却場建設の事業計画から撤退してすぐに「ゼロ・ウェイスト宣言」を行ったのです。

「葉山町ゼロ・ウェイストへの挑戦」には、次のように書かれています。

「ゼロ・ウェイストに対しては、必ずや『理想論に過ぎない』『そんなことが果たして可能なのか』といった反論が予想される。しかし、ゼロ・ウェイストの真の価値は『ゴールに向かって行動する』点にある。『交通事故ゼロ』や『不法投棄ゼロ』を語るとき、『そんなことが果たして可能

葉山町のゼロ・ウェイスト活動を啓発するために『ごみぺらっし通信』が各家庭に配られています。

なのか』を議論するよりも、実際に行動を起こすことが重要であるように、『ごみゼロ』もまた、達成に向けた努力の過程で、多くの成果をもたらすことになる」

まったく、その通りです。しかも、ゴミ焼却場を建設してしまえば、その維持コストに億単位という相当の経費が発生し続けます。葉山町は、その経費を「ゴミをゼロにする」ために使おうと決めたのでした。しかも、日本の上勝町や大木町の取り組みは、地域活性化にも結びついていることを肌身で感じていたのです。

さらに市としては初めて、熊本県水俣市が「ゼロ・ウェイスト宣言」を二〇〇九年（平成二一年）に発表しました。水俣病で環境被害に今も苦しんでいる水俣市は、一九九二年（平成四年）に「環境モデル都市づくり」を宣言し、環境破壊から環境保護へと大きく舵を切ったのです。水俣市が、「ゴミ・ゼロ」を宣言したのは、当然の結果だったでしょう。

今後、日本各地で、この「宣言」への取り組みがなされていくことで

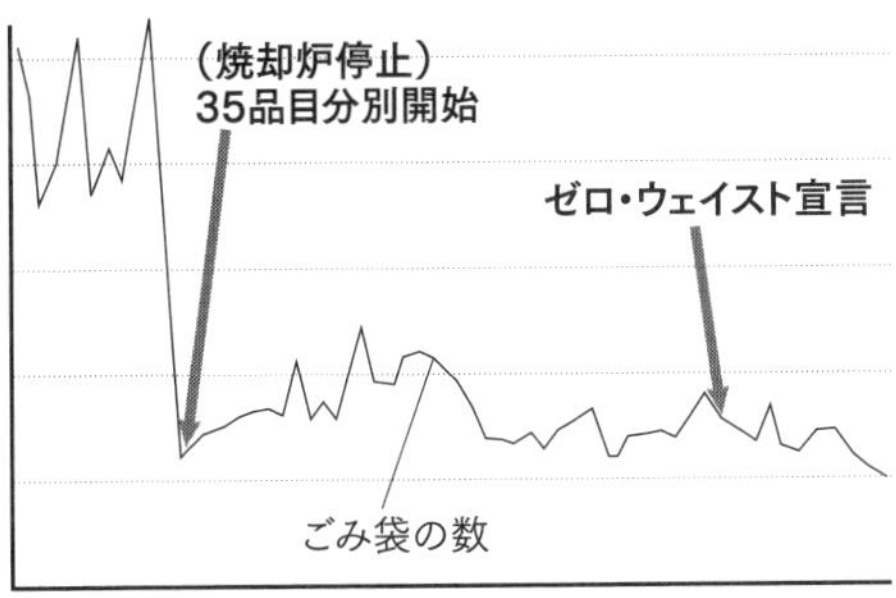

上勝町での焼却が必要なゴミの量。焼却炉を停止してゴミの分別を開始してから急激に減っているのが分かります。また「ゼロ・ウェイスト宣言」を出してからは、さらに減っているのも分かります。

しょう。日本は今、硬直化した中央官僚組織からではなく、地方から変革の「のろし」を上げつつあるのです。

〈了〉

おわりに

私はこの本で、オーストリア各地域などの、エコロジーとグリーンエネルギーへの取り組みが、地方自治体の財政を豊かにし、雇用を生み出しただけではなく、美しい環境を守って子孫へと伝えていくことの素晴らしさを人々が共有していることをお伝えしてきました。

また、日本の地方自治体でも、素晴らしい取り組みが成功を収めつつあることもご紹介してまいりました。

エコロジーは大変な作業だ、グリーンエネルギーで町が活性化するなんて……などとお思いの方は、それでもまだ半信半疑かもしれません。

でも実際にヨーロッパの現地を訪れ、その詳細をお聞きしてきた私は、それは決して不可能ではないと断言できるのです。

ですから私は、過疎化や税収不足でお悩みの地方自治体に関連する方々に、ぜひともレッヒ村やギュッシング市などを、実際に視察なさってくださいといいたいのです。日本国内で製造される環境機器などは、高価かもしれません。もちろん国内の製品を使う方が好ましいでしょうが、「再生可能エネルギーのためのヨーロッパセンター（ＥＥＥ）」などが取り組んでいるシステムを、機器を含めてまるごと取り組んだほうが、経費的にも随分と安くあがるだろうと私は考えています。

ソフトや説明書などはドイツ語ですが、日本語に翻訳すればいいだけのことです。オーストリアなどの環境先進国は、自らが持っているアイデアやソフト、機器などを、決して隠そうとはしていません。むしろ、世界の人々に提供していきたいと願っていることでしょう。

海外の進んだ科学技術やアイデアをいち早く取り込み、自らのものとしてきたのは、日本人の素晴らしい特性です。

経済が停滞し、先行きが不透明なこの時代にあって、改革ののろしが上がるのは地方や地域からです。明治維新を含めていつの時代も、社会の閉塞や停滞を打ち破る原動力となってきたのは、「辺境」とさえ呼ばれる地域・地方からでした。もちろん、大都市圏の動きも大切でしょう。

日本は、まだまだ見捨てたものではありません。時代のこの閉塞感を打ち破っていく動きは、すでにはじまっています。

日本を環境先進国・文化先進国としていくために、未来を拓くために、世界に目を向けて学び実践していきましょう、と訴えて、本書の結びとさせていただきます。

最後になりますが、本書を執筆するためにご協力くださった作家の岡謙二さんに深く御礼申し上げます。

本書がもし、日本の人々や各地に希望や未来をお送りできるのであれば、それ以上の喜びはありません。

菅原明子

グリーンエネルギーと
エコロジーで
人《ひと》と町《まち》を元気《げんき》にする方法《ほうほう》

◉著者
菅原明子《すがはらあきこ》

◉発行日
初版第1刷　2013年8月10日

◉発行者
田中亮介

◉発行所
株式会社 成甲書房

郵便番号101-0051
東京都千代田区神田神保町1-42
振替00160-9-85784
電話03(3295)1687
E-MAIL　mail@seikoshobo.co.jp
URL　http://www.seikoshobo.co.jp

◉印刷・製本
株式会社 シナノ

Printed in Japan, 2013
ISBN978-4-88086-304-7

定価は定価カードに、
本体価はカバーに表示してあります。
乱丁・落丁がございましたら、
お手数ですが小社までお送りください。
送料小社負担にてお取り替えいたします。